미식남녀를 위한 맛있는 만화

맛집 천국
오사카

만화 · 카타노 토모코
맛집 가이드 · 소스카 마사아키
옮긴이 · 박은희

만담…

*츠텐카쿠 아님
**도톤보리

밀가루 음식…

오사카 하면 어떤 게 떠오르나요?

여러분, 안녕하세요? 처음 뵙겠습니다. 먹는 거 짱 좋아하고 술은 완전 사랑하는 카타노 토모코입니다. 키는 중학교 때 성장이 멈춘 채 옆으로만 퍼지고 있는 중입니다.

예~이!!

맛없는 집도 있겠지…?

하지만 나도 잘 몰라서 여기저기 찾아보긴 하는데…

탁! 탁!

탁! 탁!

맛집 내비

맛집 검색 중

맛있는 오코노미야키! 아니면 본고장의 타코야키…!

오사카다운 음식을 먹고 싶어!

타지에서 친구들이 놀러 오면 꼭 하는 말.

그래, 오사카 하면 역시 밀가루 음식이지…

카타노 씨… 그게 아니죠.

NON!! NON!!

톡

OH MY GOD!

으아아아!! 오코노미야키나 타코야키나 다 거기서 거기지! 집에서 만들어 먹는 게 제일 맛있다는 사람도 있는데 ~~~~~

대개는

음… 뭐 그럭저럭 먹을 만하네…

…로 끝난다.

그렇지…?

어딜 가나 비슷할 거야….

*츠텐카쿠: 에펠탑을 모방해서 만든 오사카의 상징물. | **도톤보리: 오사카의 번화가.

♡츠루하시: 어머니
재료 듬뿍, 거대 오코노미야키

♡신세카이: 다루마 신세카이 본점
화상 주의! 갓 튀겨낸 쿠시카츠

♡난바: 카마타케 우동 난바 본점
김치와 라유가 만나 '키무라 군'!

♡모모다니: 나리코마야
'우지크림' 먹고 쇼와 시대 기분 내기♪

♡난바: 유럽식 요리 주테이
육즙이 좌르르~ 햄버그스테이크

♡난바: 그릴 시키나미(폐점 TT)
정겨운 맛의 오므라이스

♡난바: 준킷사 아메리칸
폭신폭신 쫄깃쫄깃 핫케이크

♡신사이바시: 요쇼쿠 Katsui 미도스지 롯지
볼륨감 만점! 두툼한 달걀샌드위치

♡난바: 인디안 카레 미나미점
매곰달콤 중독성 강한 맛! 날달걀을 섞어서♪

♡혼마치: 히라오카 커피점
커피의 절친은 담백한 도넛!

♡나가호리바시: 미나미센바 고야쿠라
양파의 단맛과 향신료의 하모니! 치킨와레

♡키타하마: 카시밀
채소와 고기가 듬뿍~ 일품 카레

♡모모다니: 만마사
오래 기다렸습니다! 불고기 타임!!

♡츠루하시: 하쿠운다이 츠루하시에키마에점
냉면 위에 오렌지가 떠억~!

♡텐마: 상하이 쇼쿠테이
부추만두는 갓 튀겨내 뜨끈뜨끈!

♡모모다니: 만마사
정성들여 만들었습니다, 연골데침

♡난바: 미나미 타코우메
고로, 스지, 사에즈리… 별미 고래고기

♡호젠지요코초: 요슈노미세마치
라임 향이 감도는 진토닉, 오늘도 캬아~♡

♡오하츠텐진: 슈시몬
꼬마달재조림은 살이 쫀득쫀득해서 맛있어!

♡오하츠텐진: C.C.하우스 나카시마
육즙이 줄줄 흐르는 쇠고기 히레카츠샌드

♡오하츠텐진: 하이볼 코미치
투명한 둥근 얼음이 매력적~ 하이볼

♡오하츠텐진: 키타산보아
달걀노른자가 주르륵~ 인기 만점 달걀버터찜

♡오하츠텐진: 카메스시 본점
화려한 색감의 초밥, 주방장님은 옆에서 생긋~

♡텐마: 밧코쿠카이텐 토리니쿠료리·
부타니쿠료리 QueRico
토르티야에 싸서 드세요♪

* 지명과 요리명은 일본어 발음에 최대한 가깝게 표기했습니다.
* 본문에 나오는 정보는 2013년 10월 기준입니다.

8

87

활기 넘치는 거리!
텐마 시장 주변의 **바** Bar **탐방**

◎ 사카나야 바르오
◎ 상하이 쇼쿠테이
◎ 덴게키 호로몬 츠기에
◎ 야오카마보코텐
◎ 도바이켄

73

불고기와 김치!
어머니의 사랑이 느껴지는
츠루하시 투어

◎ 소라
◎ 하쿠운다이 츠루하시에키마에점
◎ 신카도야 | 지지미야 토요타
   나미에노점
◎ 만마사

옛 정취가 물씬!
호젠지요코초의

노포 老舗 **탐방**

◎ 니와토리
◎ 미나미 타코우메
◎ 요슈노미세미치

101

옛것과 새것의 매력이 가득한

쿠이다오레! 노미다오레!!

◎ 카메스시 본점
◎ 하이볼 코미치
◎ 밧코쿠카이텐 토리니쿠료리 ·
   부타니쿠료리 QueRico
◎ Bar SOURCE 2호점

125

111

구불구불 골목을 따라~
오하츠텐진의 맛있는

술집 투어

◎ 키타산보아
◎ C.C.하우스 나카시마
◎ 더 슈코
◎ 슈신몬

텐마
오하츠텐진　　니시텐마
키타하마
혼마치
미나미센바
신사이바시　　나가호리바시
도톤보리
미나미호리에
호젠지
요코쵸　　난바　　츠루하시
모모다니
신세카이
하나조노초

천하제일의 맛을 찾아서!

Let's Go!!!

소스를
두 번 찍는 건 절대 금물!
갓 튀겨내 바삭바삭한

쿠시카츠 최고!!

◎ 다루마 신세카이 본점

◎ 히게카츠

◎ 카와토야마
　 미나미호리에점

*빌리켄: 츠텐카쿠 전망대에 있는 동상으로 발바닥을 문지르면 소원이 이뤄진다는 이야기가 있다.

갓 튀겨내 바삭바삭한 쿠시카츠 최고!!

이걸 먹으면서 꼬치를 고르는 거예요.

건배!!

초스피드 메뉴네요!

어떤 꼬치로 할래요?

성격이 급해 보이심

달달한 일본 된장을 넣고 푹 조린 소힘줄과 곤약! 파도 듬뿍 얹고 취향에 따라 *시치미도!

양배추 무료

손으로 찢어서 아삭아삭~

소힘줄 조림 ¥350

젓가락은 소힘줄조림 전용!

그러죠. 그리고 제철 재료나 여성분들이 좋아할 만한 메뉴도 있어요.

우선 기본인 쇠고기 쿠시카츠부터 먹을래요!

진열장 안에 들어 있는 각종 꼬치들

꼬치는 대부분 105엔!!

우와! 뭘 먹을지 고민되네~

떡이나 치즈가 들어간~

튀김옷이 얇아서 몇 개라도 먹을 수 있을 것 같죠?

소스가 묽은데도 맛에 깊이가 있네요~!

꼬치를 소스에 두 번 찍는 건 금지돼 있으므로 한 번에 듬뿍!!

뜨거우니까 화상 주의!

짜~잔!!

주문하면 바로 튀겨준다.

토마토(어딘가 여성스러움)

맥주를 부르는 맛!!

푸~욱

빨리 먹고 싶어서 손이 떨리고 있음.

빨간 초생강 (소츠카 씨의 선택). 오사카 사람들이 좋아하는 음식!!

원조 쿠시카츠

제철 장어. 살이 두툼하고 따끈따끈!

연근 (나의 선택). 아삭아삭한 맛이 최고!

*시치미: 칠레 고추, 김, 참깨 등 7가지 재료를 넣어 만든 일본 양념.

*미즈와리: 위스키에 물, 얼음 등을 넣어 희석시킨 것.

카타노 씨, 노면전차 타본 적 있어요?

맛있었어~

오사카의 찐한 아저씨 파워에 압도당한 채 두 번째 집으로~

이 가게가 무려 5차째였으며 마지막으로 초밥을 먹으러 가신다고 한다. 이거야말로 먹다가 죽기 아니면 까무러치기!

사진을 부탁드렸더니 흔쾌히 함께 찍어주셨다. 아저씨들이 가게에 머무른 시간은 대략 10분 …!!

이곳은 원하는 꼬치를 주문서에 직접 표시해 주문하는 방식입니다.

두 번째 집 '히게카츠'는 하나조노초 역 근처의 주택가에 있습니다.

조금만 더…

여기저기 가게 오픈을 기다리는 사람들

에비스초

텐노지에키마에

미나미카츠미초

한큐이센

우에마치센

이마혼네

두 정거장 ☆

한카이덴샤

스미요시

하마데라에키마에

처음이야

오시가에는 유일하게 미나미 지역만 노면전차가 다니는데, 그걸 타고 가기로!

물론 곤약도 넣고! 고기는 힘줄 부위만을 사용해 쫀득쫀득한 식감!

우선 소힘줄조림 비교 체험!!

사람들이 많을 때는 카운터 뒤쪽에서 기다린다고…

가게 안에는 카운터석이 20개 정도 있으며, 가족이나 부부 손님이 많았습니다.

소힘줄조림 ¥350

일본 백된장(시로미소)으로 조려 달달한 맛

가족으로 보이는 남녀 종업원이 5명 정도

뜨헉!

쿠시카츠는 다 거기서 거기겠지.

덥석

물론 여기도 소스를 두 번 찍는 건 금지!

튀김옷이 '다루마' 정도는 아니었지만 혀에 닿는 느낌이 부드럽고, 달콤한 소스와 잘 어울린다!

닭가슴살 대엽튀김. 대엽 향이 솔솔 풍겨서 참을 수 없어

오징어다리는 큼직하고 쫄깃쫄깃!

안페이, 다진 생선살로 만들어서 부드러운 오징어를 먹는 느낌!

쿠시카츠. 이것도 물론 소고기꼬치

1개에 80엔부터~

이런 감동을 맛보고 있을 때 다음으로 주문한 꼬치 등장!

이곳저곳 돌아다니지 않고 여기 계속 있고 싶당~~

냠냠~

여기요!

저거 하나 더 먹을래!

가격과 분위기는 서민적이지만 퀄리티는 높은 꼬치들!!

같은 꼬치를 10개씩 먹는 사람도 있었습니다.

그저 부처님 같은 얼굴로 고개를 끄덕이고 있는 소츠카 씨

재료 본연의 맛이 입안에 쫘악 퍼져서 끝내줘요!!!!!!

쿠시카츠를 우습게 봤어!!

벌

떡

입을 크게 벌리고 한입에 덥석…!!

바삭 바삭하고 맛있어!!

튀김 이에요~

두둥~

이걸… 어떻게 먹지…?

정어리튀김 ¥150

저, 정어리튀김을 꼬치에 끼우다니!!

믿을 수 없어!!

세 번째 집은 '카와토야마 미나미호리에점'.

앞서 방문한 2곳과는 분위기가 전혀 다른 가게.

쇼핑도 하고 겸사겸사 들를 수 있는 곳이에요.

하나조노초

지하철 요츠바시센

요츠바시

꽤 기분 좋게 취했을 즈음 지하철을 타고 이동.

아, 기분 조타~

여기요, 한 잔 더 주세요!

젠장! 멈출 수가 없어! 멈출 수가!!

괜찮아?

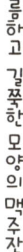

갸름하고 길쭉한 모양의 맥주잔 ♥

특이한 모양의 그릇만 봐도 신경을 많이 쓴 것 같은 느낌

살짝 패인 홈에 꼬치를 놓아준다

소스 맛간장 소금

아하하! 그렇죠? 꼬치도 전혀 다르니까 기대하세요.

이전의 쿠시카츠 가게는 북적북적하고 편안한 분위기였는데 여긴 좀 긴장되네요.

소곤소곤~

본점은 더욱 고급스럽다고 합니다!

차분한 분위기를 풍기는 가게 안

두근두근

예약 하신 분 이시죠? 이쪽으로 오세요.

아~ 네.

조금 비싼 선술집 느낌

어서 오세요~

모둠채소와 13종류의 꼬치 세트가 이 가격이면 엄청 싸다!

겉에 붙어 있는 수염도 먹을 수 있다!

영콘

제일 맛있어~! ♥

벚꽃새우와 양파를 넣어 끓인 맑은 장국

뚜껑을 열면...

메추리알, 새우, 돼지고기 꼬치튀김도 나온다

메추리알은 노른자가 주르륵!!

따뜻한 달걀과 베이컨, 아스파라거스를 섞어서~

전채요리인 모즈쿠(큰실말)와 오쿠라, 산뜻한 맛

정어리 *카다이프튀김. 바삭바삭한 식감과 흘러나온 기름이 맛있다!

우리가 주문한 건... 카와토야마 코스 ¥3500

가격은 다르지만, 중간에 멈추거나 추가할 수 있음

*카다이프: 얇은 스파게티 면과 비슷한 재료.

18

소스는 한 번만 찍어서~ 독특한 쿠시카츠 문화!!

츠텐카쿠 근처에 쿠시카츠 전문점 '다루마'가 생긴 것은 1929년.
테이블마다 소스가 가득 담긴 그릇이 있는데 거기에 여러 손님들이 쿠시카츠를
찍어 먹기 때문에 소스를 두 번 찍는 것을 금지하는 쿠시카츠 문화가 생겼다.
점성이 있는 반죽을 사용해 경쾌한 소리를 내며 튀겨지는 쿠시카츠는
고운 빵가루를 입혀 더욱 바삭바삭하며 소스가 입안에 착착 감긴다.
또한 '히게카츠'처럼 토종 소스인 '히시우메'나 '헤르메스'를 사용해
지역 밀착형 맛을 추구하는 가게도 많다.
독특한 스타일의 쿠시카츠 전문점 '카와토야마' 역시
이 같은 쿠시카츠 문화를 바탕으로 자신들만의 다양한 꼬치 요리를 선보이고 있다.

Spot Data

다루마
신세카이 본점
だるま 新世界総本店

大阪市 浪速区 恵美須東 2-3-9
☎06-6645-7056
11:00~21:00 | 연중무휴
(12월 31일, 1월 1일 제외)

히게카츠
ひげ勝

大阪市 西成区 旭 1-3-20
☎06-6649-5437
17:00~23:00
일요일 휴무

카와토야마 미나미호리에점
川と山 南堀江店

大阪市 西区南 堀江 1-10-1
KT 堀江1階
☎06-6534-5266
18:00~23:00
부정기휴무

밀가루 음식은
오사카의 자랑!
의
깊은 맛

◎ 어머니
◎ 나리코마야
◎ 텟판야로

소츠카 씨의 의미심장한 질문에 답을 생각하고 있는데…

후후…

아, 뭐냐 하면…

반죽? 소스?

카타노 씨, 오코노미야키 맛의 비밀은 뭐라고 생각하나요?

한국 냄새가 물씬 풍기는 거리에서 오코노미야키 가게로 향하고 있는 두 사람.

한복이다!!

오사카의 츠루하시는 일본 최대의 한인타운. 거리의 분위기는 그야말로 '여권이 필요 없는 대한민국'.

※ 재일교포 2, 3세가 많다

점심시간이 지났지만 가게 안은 북적북적, 평일에는 근처 주민들로 가득하고

어서 오세요~

주말에는 관광객들로 줄을 서서 기다려야 한다고.

안에는 룸도 있음

여기예요!!

첫 번째 집 입니다~

JR츠루하시 역에서 한국적 분위기를 즐기며 10~15분쯤 걷다가 주택가로 빠지면 '어머니'라는 가게가 보인다.

도착했다~

이, 이게 뭔가요! 이 이상한 이름의 메뉴들은!

유명 연예인의 이름과 방송 프로그램 제목이 줄줄이 적혀 있다 ~~~!!

음식을 드시는 중에 '어머니'가 오실지도 모르니 우선 주문부터 도와드리겠습니다.

그래서 메뉴를 살펴봤더니…

메뉴

네에~

※ 일본 유명 연예인들부터 한류 스타들까지 다녀가다!!

주인공인 '어머니'가 부재중이라니 상당히 아쉽다.

엄청난 수의 사진들!!

※ 평범한 이름의 메뉴도 있습니다만…

22

말 그대로 '좋아하는 것을 굽는다'라는 뜻의 오코노미야키네.

이런 식으로 손님들이 좋아하는 재료를 넣어 구워주던 게 그대로 메뉴가 된 거예요.

돼지고기랑 새우 그리고 메밀국수도 넣어주세요!

뭐 넣어줄까?

자, 그럼 *아카이 히데카즈 스페셜하고 소힘줄볶음으로!

그리고 생맥주 두 잔!

돼지고기랑 달걀이요. 그리고 소힘줄이랑 김치도 좋아해요…

카타노 씨, 오코노미야키에 뭐 넣는 거 좋아해요?

척척 결정을 잘도 하시네요~~

네~에

아….

아카이 히데카즈 스페셜 ¥1450

돼지고기, 소힘줄, 감자, 오징어다리, 김치, 파, 달걀 등 <-반죽 속에 들어 있다

그리고 오코노미야키는 이런 모습.

지글 지글

짜~잔!

우왓, 대박~~!!!

간단한 안줏거리로 최고죠!

맛있당! 소힘줄의 식감도 소금 간도 딱 좋아!

오코노미야키가 나오기 전의 애피타이저…

재빠르게 첫 번째 요리 완성!

촤아~~

소금과 후추로 간을 해서 볶아낸 심플한 요리이지만, 초생강이 어우러져 특별한 맛을 낸다!!

소힘줄볶음 ¥800

전쟁 후 싼 가격으로 배불리 먹기 위해 자주 넣던 것에서 유래된 거죠.

감자가 들어간 건 처음 봐요.

취향에 따라 가쓰오부시와 파래가루, 매콤한 소스도 뿌려 먹을 수 있어요.

맛있당!! 먹을 때마다 다른 재료가 씹혀서 다양한 맛이 느껴져요!!

단면도 ☆

촉촉~ 폭신폭신~

뒤집개 사용이 서툴다….

아흑!! 못 참겠다!!

아하, 그렇군요~

후우후우~

'반죽은 어디 있지?' 할 정도.

우와~ 재료가 듬뿍!

지글 지글

*아카이 히데카즈: 일본의 유명 영화배우.

맞아요. 생맥주 이외에는 전부 셀프예요!

좀 전에 저 샐러리맨이 우롱차를 가져갔어요!!

엥?

문득 주위를 둘러보니...

그런 마음이 담겨 있었다니...

많이 묵어요~♥

머리야 계속 나쁘지ㅋㅋ 오늘은 목이 좀 아파서.

병원에 다녀오신 거예요? 어디 나쁘세요?

아하하하

화려한 무늬♥

앗! 어머니가 돌아오셨네요! 어머니!!

다녀왔습니다~!

직접 가져가고 주문서에 적으면 돼요.

오~!! 재미있네요~~~

주문

음식 맛도 훌륭하거니와 어머니가 보고 싶어서 찾아오는 단골손님들의 마음이 무척 잘 이해되는, '다시 찾고 싶은 가게'였습니다.

두 분 친해 보여♥

우걱우걱

재봉 일을 하면서 포장마차에서 오코노미야키를 팔기 시작해 자식을 네 명이나 키우신 대단한 어머니.

그런 게 있어?!!

적어 드릴게요~

혁! 그렇게 안 보여요!

아이고, 그런 건 묻는 게 아니야~ 79세!

올해 연세가 어떻게 되세요?

에고고고

꽈당

어머니, 무척 귀여우심

화려한 낙법 연기♥

← 혈압에 좋은 차에 대해 얘기를 나누고 있음 →

24

26

가게에 들어서면 기운찬 목소리가 울려 퍼진다.

안녕하세요!

어서 오세요!
엇, 소츠카 씨!!

다음으로 향한 곳은 난바에 있는 '텟판야로'.

계단을 올라 2층 입구로~

이번에는 최근에 생긴 곳인데 총각이 운영하는 가게예요!!

아, 피곤해…

낯선 아저씨의 얘기에 머리가 빙글빙글…

에엣!! 그럼 전 그린데이.

?

음료 이름도 재미있죠? 나는 거유ㅌ웨 하이로 할게요.

자, 이거랑 이거랑 이거!!

철판요릿집답게 메뉴도 다양!!

신 메뉴도 있습니다~

손님층도 젊고

테이블석도 있음

단골손님이나 혼자 온 손님 모두 왁자지껄 즐겁게 먹고 있습니다.

돼지고기 달걀말이 ￥640

끈적끈적한 마와 달걀을 넣은 반죽! 거기에 통삼겹살찜을 넣어서 두툼!

그러는 동안 계속해서 요리가 나왔습니다.

오코노미야키 반죽 안에 감자샐러드와 치즈가 듬뿍! 그라탕과 비슷한 맛!!

파이네 ￥550

아~ 달다~~

과연

…라는 소리가 절로 나왔지만, 친구들과 즐겁게 한잔할 때 재미로 마셔보기 좋은 음료!!

그린데이
녹차 *하이볼

거유하이
거봉+칼피스

그 밖에 N컵이나 레드칠리페퍼 등의 음료도 있습니다 ☆

*하이볼: 위스키에 소다수와 얼음, 레몬을 넣어 만든 칵테일.

27

레터스 타로 ¥680

레몬

반죽에 양상추를 넣어 아삭아삭하게 구운 것. 카레 맛!!

※햄버거에 들어 있는 야채 맛도 남!

품~

타르타르소스

유명한 만화 〈우주인 타로〉와는 아무 상관없어요~

다음 요리도 등장!

보통은 삼겹살을 얇게 썰어서 넣죠.

통삼겹살찜의 비계 부위가 살살 녹아요!

...

그렇게 말하는 소츠카 씨의 표정은 어쩐지 매우 자랑스러워 보였다…

사랑하지 않을 수 없는 바보 녀석 이에요.

훗시 씨

네? 불렀어요?

안에서 일하고 있는 저 활기 넘치는 총각이 저래 봬도 대단한 친구예요 …

점장인 훗시 씨는 난바의 번영을 위해 음식과 음악을 통한 다양한 이벤트를 기획하고 있다고.

장난기가 가득하지만 확실히 맛은 있죠 ~~~

요리에 다양한 시도를 하고 있군요! 풋콩마저도 다른 곳과 조금 달라요!

자꾸 손이 가!

소츠카

엣!! 거짓말!!

반죽 아님 소스죠~

너무 깊이 생각한 것 같습니다.

에?

소츠카 씨가 질문한 오코노미야키 맛의 비밀은 '오사카의 역사' 인가요!?

귀갓길

나는 오사카의 오코노미야키 가게에서 밀가루 음식의 역사와 자부심을 느꼈습니다.

난바는 평화로워요~

아하하! 역시 그렇죠

나리코마야의 강아지.
정말 귀엽당~

자고 있음
↓

일어나, 일어나~

일어났다!

흘깃

쿡쿡

놀자, 놀자~

흥~!

오사카 사람들의 소울 푸드, 오코노미야키!

오코노미야키의 기원은 서양식 부침개를 의미하는
'요쇼쿠야키洋食焼き'로 반죽을 얇게 펴고 그 위에 재료를 올려
굽는 형태였다. 그 후에 반죽에 양배추 등의
재료를 섞어 굽는 '마제야키混ぜ焼き'가 지금의 오코노미야키가 됐다.
두 가지 모두 갖가지 재료의 조합을 즐길 수 있는, '모든 것은 내 맘대로 스타일'.
번화가에 위치한 가게는 감자나 어묵 등의 재료를 그릇에 가득 담아주는
'듬뿍듬뿍 스타일'이 많은 것도 특징이다.
반죽, 재료, 소스 외에도 각각의 거리와 가게의 역사가 확실하게 반영된 것이
오코노미야키가 오사카 사람들의 소울 푸드가 된 이유이지 않을까?

Spot Data

어머니オモニ
大阪市 生野区 桃谷3-3-2
☎06-6717-0094
12:00~23:00
월요일 휴무

나리코마야成駒家
大阪市 生野区 桃谷3-8-15
☎06-6731-3456
11:00~21:00
수요일 휴무
(공휴일인 경우 다음 날 휴무)

텟판야로鉄板野郎
大阪市 中央区 日本橋2-5-20 2F
☎06-6643-9755
18:00~다음 날 02:00
화요일 휴무

면발보다는 국물!
국물 맛이 끝내주는
우동 집을 찾아서~

◎ 우사미테이 마츠바야
◎ 치토세
◎ 카마타케 우동 난바 본점
◎ 도톤보리 이마이

국물 맛도
깔끔하고
면도
부드러워
'오사카
우동은
바로 이런 것!'
이란 느낌.

가츠오부시와
다시마로
국물을 내서
깊은 맛이 나죠.

오사카
에서 흔히
볼 수 없는
짙은
국물색이라
놀랐지만,
맛은 의외로
산뜻하네요!!

이게 유부랑
잘 어울려요

꿀깃해

키츠네 우동 ¥550

달달한 감귤 향이 나는
두툼한 유부를 올린
정통 우동

그래서 우리는
키츠네 우동과
아이디어 메뉴 중
인기가 많은
오지야 우동을
주문해보기로.

오지야 우동 ¥750

철판냄비우동, 재료도 푸짐,
밥도 푸짐!!

오지야
타~임!

으~
밥이 보이질
않아…!!

열심히
우동을
먹고
있지만
…

우동을
다 먹을
때쯤이면
국물이
밥에
스며들어서
더욱
맛있다.

드디어
밥이
나타났다
!!

오지야 우동은 볼륨감이 최고!

닭고기, 어묵, 표고버섯, 붕장어,
유부, 날달걀, 파, 초생강 등의
재료 아래에 우동이 있고,
밥은 제일 밑에 깔려 있다.

재료
우동
밥

계산을
앉아서
ㅜㅜ

우동&밥!!
여자들이 먹기에는
양이 조금 많지만
몸속까지 뜨끈뜨끈
해지고 아주
만족스러웠습니다!!

감사합니다

우동
맛만으로도
충분히
승부할 수
있는데!!

앗!

라멘의 인기에
지지 않으려고
선대가 개발한
거라고 해요.

오지야 우동은
전쟁 후 식당에서
일하던 사람들이
먹던 음식이었지만,
소프트 우동이나
마츠바 우동은

그런데
왜 이렇게
독특한 메뉴가
많은 거죠?

맛있당~♡

점심시간이 지난 오후 2시 쯤이라 바로 들어갈 수 있었다. 하지만 보통은 줄이 끊이지 않을 정도이고, 합석은 기본이라고.

이곳에서 우리가 향한 곳은 '치토세'.

이번에는 요시모토 개그맨의 거리로도 유명한 센니치마에에 왔습니다!

어머!

앗, 소츠카 씨!!

엄청 유명한 집이지만 나는 처음.

두근 두근!

요시모토 소속 개그맨인 키구루미 씨닷!

짜자~안!!

우리가 주문한 요리는 바로 이것!!

니쿠스이 ¥630

잘게 썬 고기가 듬뿍

쇼타마 ¥200

쇼타마: 달걀덮밥 소(小)자

소자인데 엄청 크다....!!

달걀은 깨뜨려 나옴

가장 유명한 세트를 주문.

쇼타마 …

네~에

니쿠스이랑 쇼타마 주세요!

푸~웁

우동이 없어욧!!!

왜 그래요?

헉??

헉?

헉?

?

6

난 우선 달걀덮밥 부터♡

잘 먹겠습니다~

니쿠스이는 처음이죠? 어서 드셔 보세요!!

앗싸~♡

34

아, 만약 우동이 없어서 서운하다면 두부를 넣은 니쿠스이도 있으니까 그걸 먹어봐요!

그것도 우동이 아니잖아요!!

우와~!!! 전혀 몰랐어요!!!

니쿠 우동… 주세요… 우동 빼고…

…라고 주문한 것이 시초가 됐다고 해요.

'니쿠스이'는 오사카의 희극 극단 소속 배우인 하나키 교 씨가 출연할 차례를 기다리는 동안 가게에 찾아와서, 숙취 때문에

이거 엄청 유명한 얘기라고!!

이런~ 미안, 미안!

허허, 먹어보진 않았어도 알고 있을 거라 생각했는데!

……

'니쿠스이를 먹은 연예인은 잘나간다!!'라는 전설이 있어서 젊은 연예인들도 많이 찾아온다고.

개그맨 무라카미 쇼지의 유행어를 응용한 간장!

달걀덮밥도 담백하고 맛있어~~

아아~ 바로 이거야!! 술 마신 다음 날에는 최고!

캬아~~

반숙 달걀도 맛있어

맛있어~!!

니쿠스이에는 헉! 소리가 날 정도로 고기가 듬뿍 들어 있고, 가츠오부시와 다시마로 육수를 내서 국물이 맑다!!

고기의 깊은 맛이 우러나 있어요!

궁금한 메뉴도 슬쩍슬쩍

↓
돈가리 군 있습니다

¥780

기다리는 동안 밖에서 메뉴를 볼 수 있다.

여기도 인기 있는 집이라 영업시간 전부터 꽤 기다리는 것 같습니다.

讚岐手打 삿타게3

벤치가 있다!

가까워!

여기!!

카마 타케 우동

치토세

가게를 나와서

세 번째 집은 '치토세'에서 엎드리면 코 닿을 곳에 있는 '카마타케 우동'.

*붓카케 우동: 농축된 국물을 우동에 자작하게 부어서 먹는 우동.

키다 씨는 일본 밀가루음식협회 기획부장으로 우동의 맛을 널리 알리기 위해 제자들을 양성해 분점을 내고 있습니다.

이번에 키시와다에 새로 오픈할 예정이에요

오오! 거기에도 가봐야겠군요!

사장님

오랜만이에요!

앗!! 키다 씨!!

소츠카 씨 오랜만이에요!!

쫄깃한 면발…!!

씹는 맛이 좋아서 먹고 난 뒤 여운이 남아…!

맛있당~

가게 안도 조용하고 고급스럽다.

펑키한 스타일의 외국인도 있습니다

메뉴 여기 있습니다~

그리고 마지막 집.

번잡한 두톤보리 안에 있다고 생각할 수 없을 정도로 차분한 분위기의 '이마이'.

わ…!!

밀가루 음식에 대한 뜨거운 사랑이 전해지는 멋진 분이었습니다.

감사합니다!

또 올게요!

잘 먹었습니다!!

새로운 메뉴들을 계속 개발해서 밀가루 음식의 활성화에 힘쓸 거예요.

키무라 군 정말 맛있었어요!!

저는 이 디저트로!

저는 싯포쿠 우동하고…

그럼, 키나코 셔벗 주세요.

이곳은 우동뿐 아니라 돈부리나 디저트, 술안주도 많아요.

밤에 손님 접대할 일이 있을 때 와도 좋겠군요!

お造り 鯛昆布〆造り 鴨ロースの塩焼き

2층에서 냄비우동을 먹는 것도 독특하고 재미있어요!

1천 엔이 넘는 메뉴들이 쫘악…!!

가격도 지금까지의 3곳보다 조금 비싸다!

으음~
좋은
냄새…

우와~!
국물이
맑고
투명하네요
~

계절마다 재료가 바뀌는
콩가루 셔벗
키나코 셔벗 ¥420

드디어
나왔습니다!

잘 먹겠습니다!

앞접시에
나눴음

싯포쿠 우동 ¥1,260

표고버섯, 어묵, 새우 등이
올라간 심플한 우동!

가게들 고유의
깊이 있는
국물 맛에
상당히
감동받은
소츠카 씨.

듣고
있나요
…?

아~
하루 동안
우동 국물을
비교 체험
할 수 있어서
행복하군
~!!

이 셔벗도
민트 맛이랑
콩가루가
어우러져
깔끔해요!

이야~
다시마
맛이
진하네~

부드러운 면발!!

이야~
면발도
국물도
가장 표준적인
오사카 우동
같아요!!

모든 가게가
전부 맛있어~

후룩후룩

엄청
상큼해요!

에엣?
아직도
그 얘기
예요?

이야~~
국물 비교
정말
좋았어~~

그렇게
말하면서
바로
구입!!

아직 집에
남아 있긴 한데…

카타노 씨,
이거 저희
가게에서
추천하는
상품이에요!

그리고
계산 시간
…

'오사카 우동 국물 비교',
여러분도 한번 해보세요~

나도 하나 살까~?

이 오리지널
산초 시치미가
엄청 맛있다고.

이마이의
죽통 시치미

난바 센니치마에에는
아이돌 그룹의 이름을 딴
AKB48 카페가 있다

타카하시 미나미
(AKB48 멤버 이름)의
리본 가츠동이래~

TV에서
보고
궁금
했는데~!

두리번

두리번

와, 잠깐
한눈파는
사이에...

소츠카 씨,
어디
가셨지?

헤헷

당당히
들어가 있다!

우동은 역시 마시는 거죠!

키츠네 우동이 맛있는 '마츠바야'는 1893년에 창업한 가게로
매일 먹어도 질리지 않을 정도로 국물 맛이 좋다.
전쟁 후에 창업한 '도톤보리 이마이'는 홋카이도 도난 지방에서 생산된
질 좋은 다시마를 사용하고 있어서 '국물의 이마이'라고 불리고 있다.
'치토세'는 이들 두 가게와는 달리 서민적인 느낌이 강하지만,
진한 국물이 우동 맛의 포인트!
맛있는 우동집에서 우동을 먹으면 부드러운 면발에 가츠오부시와
다시마 국물이 잘 어우러져 깊은 여운이 남는데, 이것이 바로 오사카의 사누키 우동이
시간이 지나도 꾸준히 인기를 얻고 있는 비결이라고 할 수 있다.

Spot Data

우사미테이 마츠바야
うさみ亭マツバヤ
大阪市 中央区 南船場 3-8-1
☎06-6251-3339
11:00~19:00
(금, 토요일 11:00~19:30)
일요일과 공휴일 휴무

치토세千とせ
大阪市 中央区 難波千日前 8-1
☎06-6633-6861
10:30~14:30
(재료 소진 시 영업 종료)
화요일 휴무

도톤보리 이마이道頓堀 今井
大阪市 中央区 道頓堀
1-7-22
☎06-6211-0319
11:00~22:00(LO 21:30)
수요일 휴무

카마타케 우동 난바 본점
釜たけうどん 難波本店
大阪市 中央区 難波千日前 4-20
☎06-6645-1330
11:00~16:00(재료 소진 시 영업 종료)
월요일 휴무

오사카 시민들의
위와 마음을 사로잡은
미나미 지역의

양식요리

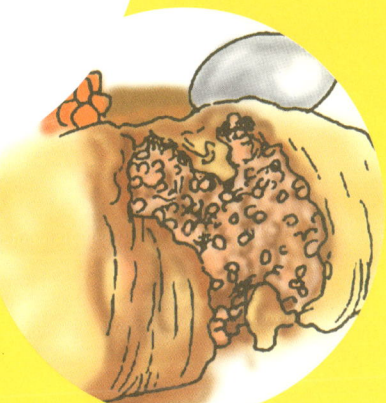

◎ 요쇼쿠 Katsui
   미도스지 롯지

◎ 유럽식 요리 주테이

◎ 그릴 시키나미

나가호리 바시에 있는 유명 양식당 'Katsui'의 2호점이에요.

오피스가 빌딩의 지하 1층에 있습니다.

모르고 지나칠 것 같아

아래로 내려가 보죠!

여기라고?

첫 번째 집은 미나미센바의 미도스지에 위치한 '요쇼쿠 Katsui 미도스지 롯지'.

御堂節 ロッヂ

드디어 오셨습니다!

편집부의 가토 씨

오늘은 스페셜 게스트와 함께 오사카의 양식당을 탐방하려고 합니다~!

안녕하세요~?

'롯지Lodge =오두막집' 이라는 이름처럼 어딘지 모르게 따뜻함이 물씬 풍기는 가게 안.

LODGE

닭 모양 장식품

랜턴을 연상시키는 조명

장작더미도 놓여 있고

주욱~

소, 속았다!!

여자 손님의 비율이 압도적!

이런 걱정과는 달리 가게 앞에는 이미 긴 줄이 …

양식당이 있을 거 같지 않은 빌딩이네요.

사람들도 전혀 없는걸요 …?

토요일이라 그런가?

도… 도시락?!

Menu

상상이 안 되네요~

이 양식 도시락이 제일 인기 많아요.

일본 스타일의 새로운 양식!!

자, 먹어 볼까요!

Menu

와~!

전부 맛있어 보여~!

가구는 물론 음악에도 신경을 많이 쓰고 있었으며, 공간이 널찍하고 편안한 분위기라 특히 여성 고객들이 좋아하는 것 같습니다.

샐러드도 양이 엄청 많아요!!

햄버그는 만드는 데 시간이 걸리니까 이걸 먹으면서 기다리라는 거죠.

햄버그 와 회?! 독특한 조합이네요.

그러자 곧바로 햄버그스테이크와 세트 메뉴인 가다랑어회 그리고

내가 주문한 양식 도시락의 샐러드가 나왔다.

그래서 나는 '양식 도시락', 소츠카 씨는 '햄버그스테이크', 가토 씨는 '달걀샌드위치'를 주문!

네~!

푸짐해 ~

일식의 요소를 많이 가미해 다양한 맛을 골고루 즐길 수 있게 한 거죠!

양식 하면 왠지 격식을 갖춰야 할 것 같은 이미지였는데 이건 부담 없이 먹을 수 있네요!

추릅

한입만~

카페에 온 것 같아요!!

이게 바로 양식 도시락.

양식 도시락 ¥1500

작은 그릇 들이 모여 있으 니까 무척 귀여워 ~

양배추롤
양배추로만 만들었는데 촉촉해~!

연어 마리네
두툼한 살!! 쫀득쫀득

밥

바삭한 새우튀김 +크림커틀릿

타르타르소스가 맛있어!

* 노자와나
간이 잘 배어 있어 맛있어!

된장국

나 왔다!

그런데 테이블은 이미 요리로 가득. 달걀 샌드위치는 그렇게 크지 않겠지만.

오래 기다리셨습니다. 달걀샌드위치 나왔습니다

이 정도 먹으면 배부르고도 남죠~

오오!! 스테이크 처럼 생긴 게 나올 거라 생각했어요.

양파의 단맛과 토마토의 산미가 어우러져 깊은 맛을 내는 소스네욧!

오물

한입만~

곁들임 반찬 (매번 달라짐)

계속해서 이번에는 햄버그!!

짜안~!

햄버그스테이크 ¥1500

히 힛

조림 국물 같은 소스가 곁들여진 햄버그, 달걀이 주르륵

*노자와나: 붉은 순무의 일종.

43

*포타주: 프랑스 요리에서 수프를 말함.

그리고 이곳의 명물은 뭐니 뭐니 해도 종업원 누나죠.

우리가 어렸을 때는 가게 근처에 있는 타카시마야 백화점에서 쇼핑하고 주테이에서 점심을 먹는 게 코스였어요!

배도 부르고 가격도 쌌거든!

그렇구나~~~

그래서…

하지만 오사카 특유의 시끌시끌한 TV프로그램이 방송되고 있거나, 들어선 순간 활기 넘치는 점원들의 목소리가 울려 퍼지거나 합니다.

이곳 역시 쇼와 시대의 분위기가 남아 있긴 하지만 Katsui에 비해 좀 더 세련된 느낌입니다.

어서 오세요~!

무슨 소리 예요?

후후…

저건 말이죠, 햄버그용 고기를 가는 소리예요.

웡 웡⌒

응?

추천 메뉴를 주문하고 얼마 후 낯선 소리가…

역시 햄버그와 폭찹, 하이시비프죠.

추천 메뉴는 뭔가요?

뭐든지 친절하게 대답해주십니다

뭐, 전부 맛있지 만요.

아 하 하

캬아, 식욕 당기네~~~

마지막으로 다 구워진 고기 냄새가 풍긴다.

크흥크~

크흥흥~

더는 못 참겠어요!!

배고 파요~!

치익~~~

착착

공기 빼는 소리

그 후에도 다양한 소리가…

굽는 소리

듣기 좋은 소리~

잘 들어보세요!

달그락달그락

프라이팬 움직이는 소리

그렇구나!!

간장을 사용해 추억의 맛이 나는 스테이크를 '테키', 히레니쿠(안심)를 '헤레'라고 하는 거죠.

참고로 햄버그의 데미글라스 소스에도 간장을 사용했어요

소설가 이케나미 쇼타로 선생은 '헤레'의 '테키'를 좋아하셨죠.

헤레의 테키?

?

저도요~!

슈퍼마켓이나 정육점에 갔을 때 뭔가 다르다고 느끼고 있었어요.

에-

이 맛 앞으로도 지켜나갈 거예요.

3대째인 젊은 사장님은 성격이 밝고 싹싹하신 분으로

꼭! 이에요!!

항상 고마워요~

탁탁

여기 맥주잔~

오늘도 맛있었어요!

계산대 앞에서 주판으로 계산하고 계신 할머니는 매우 인자한 선대 여사장님.

맥주? 마셔요, 마셔~ 몇 잔이든 마셔요~

와~

이런 얘기로 분위기가 「무르익어갈 즈음…

슬슬 맥주 한잔 할까요?

앗싸!

역시 재미있는 가게 아주머니들

그리고 가토 씨 위장의 깊이도…

아직 80%밖에 안 찼어요.

내 햄버그♥

오사카 양식당의 깊은 역사를 느꼈습니다.

건배!

이 가게의 따뜻함이 언제까지나 이어지길 바라는 마음과 함께

젊은 연예인들의 동경의 대상이기도 했고

누구나 가벼운 마음으로 찾았던 동네 양식당.

실은 이 가게를 취재했던 달 마지막 날에

당점을 사랑해주셔서
감사합니다.
여러분 덕분에 55년간
영업할 수 있었으나,
7월 31일자로 폐점하기로
결정했습니다.
오랫동안
정말 감사했습니다.

그릴 시키나미

오랜 역사의 막을 내리고 폐점하고 말았습니다.

세 번째 집은 센니치마에에 있는 오래된 양식당 '그릴 시키나미' 였으나...

내가 먹은 오므라이스

통통하고 촉촉한 치킨라이스.

오사카 최고의 번화가 중에서도 유서 깊은 지역의 노포에서

다양한 세대의 손님들이 언제나 한결같은 맛을 즐겨왔습니다. 정말 많은 사랑을 받아온 지난 55년의 시간.

이 유명한 가게를 향한 감사의 마음과 함께 오사카 거리를, 가게를, 최대한 즐기시길 바라는 마음에서 게재하게 됐습니다.

나는 그 맛을, 그날 종업원들의 웃는 얼굴을

감사했습니다!

영원히 잊지 못할 거라 생각합니다.

데미글라스소스도 엄마가 집에서 해주시던 오므라이스 맛이 떠올라 무척 좋아했던 기억이 있습니다.

엄마...

흑흑...

소문으로만 들어왔던
대식가 가토 씨

사실 그림보다
훨씬 날씬하다!!

안녕
하세요?

잘 먹을 수 있을까…?

우물우물

아앙~

나는 먹는 게
느린 편인데…

평상시
먹던
속도로
드세요
~

아,
카타노
씨는

깨끗~

나는 신경 쓰지 말아요~

아, 신경 쓰인다…

양식요리 하면 미나미!

오사카의 양식당은 전쟁 후에 생긴 노포가 많다.
그러나 최근에는 'Katsui'와 같이 세련된 분위기의 가게도 종종 등장하고 있다.
키타(북쪽) 지역이나 번화가에도 맛있는 가게들이 즐비하지만, 휴일에 쇼핑을 즐기고
집으로 돌아가는 길에 백화점의 식당가를 이용하는 느낌으로
미나미(남쪽) 지역의 양식당을 찾는 사람들도 많다.
그리고 나에게는 문을 닫은 '그릴 시키나미'가 바로 그런 가게였다.
정말 안타까울 따름이다.
부드럽고 감칠맛 나는 진한 소스와 함께 먹는 햄버그스테이크, 각종 튀김요리와 밥 종류,
조림요리 등 배가 빵빵해지도록 오사카의 맛을 즐기시길!

Spot Data

요쇼쿠 Katsui 미도스지 롯지
洋食 Katsui 御堂筋ロッヂ

大阪市 中央区 南船場 4-3-11
大阪豊田ビルディング B1F
☎06-6251-5064
11:30~15:30(LO 15:00),
17:00~22:30(LO 21:45)
일, 월요일과 공휴일 휴무

유럽식 요리 주테이
欧風料理 重亭

大阪市 中央区 難波 3-1-30
☎06-6641-5719
11:30~15:00,
17:00~20:30
화요일 휴무(공휴일인 경우 다음 날 휴무)

고집스러운 장인의 맛!
카페보다는 단연코
찻집

◎ 준킷시 아메리칸

◎ 아라비야 커피점

◎ 마루후쿠 커피점
   센니치마에 본점

◎ 히라오카 커피점

첫 번째 집은 '준킷사 아메리칸'.

쇼와 시대의 복고적 분위기와 현대적 분위기가 잘 어우러진 가게.

깊은 향의 아메리칸 커피
수제 로스팅

웅이! 웅이! 웅이!

그래서 오늘은 오래된 찻집을 탐방해보려고 합니다.

맛좋은 찻집도 많~이 있데이.

오사카가 밀가루 음식만 유명한 건 아닙니다.

소츠카 씨가 이상한 오사카 사투리를···♪

문어처럼 생겼네···

카펫 무늬도 독특해···

여기저기 둘러볼수록 의문이 깊어간다.

두리번

조명에 대해선 잘 모르겠지만 비싸 보여···

뭐지, 이 엄청난 화려함은??

가게 안은 더욱 화려하게 빛나고 있습니다.

샹들리에

나선형 계단

뜨억~

두둥~!!

믹스주스 ¥700

기본 과일은 가게마다 다른데 여기는 바나나가 베이스.

살짝 사각거려!

그렇다, 오사카 하면 믹스주스!!!

거품이 맛있어 보여!!

인형처럼 생긴 종업원이 정중하게 응대해 줍니다.

믹스주스하고 딸기파르페, 핫케이크 세트 주세요.

알겠습니다

귀엽게 생겼다~

손님층은 나이가 지긋하신 분도 계시고, 젊은 커플도 있어서

믹스주스

무척 특이한 느낌.

가게 안은 화기애애하고 조용한 분위기로

단골손님들과 혼자 온 손님들이 각자 시간을 보내고 있습니다!

그중에서도 이 간판이 유독 눈에 띕니다.

WORLD COFFEE
ARABIYA
1951
アラビヤ

수염+터번 아저씨

아라비안 나이트?

귀여운 간판이 가득!!

도착했습니다!

유명 야구 선수와 함께 찍은 여자 사진이 가득하네요.

두리번거리고 있는 나의 시선을

사로잡은 건 …

아, 맞아요! 맞아.

편안하죠? 그래서 시간 가는 줄 모르고 앉아 있게 되죠.

안절부절

마치 영화에 나올 것 같은 찻집이네요.

2대째 사장님

오! 소츠카 씨 오늘은 무슨 일로?

아이스커피 두 잔 주세요

알았어요

안녕하세요?

헤어 스타일도 흰색 뿔테 안경도 세련됐어~

오늘도 오사카 맛집 탐방!

진한 커피가 유행하던 시대부터 고집해온 부드러운 맛의 커피

그리고 은은한 향과 함께 아이스커피 등장!

귀걸이 귀엽당 ~!

요즘은 아베가 잘하더라고~

자이언츠 팀 포수죠

그런 엄청 유명한 어머니는 매우 젊게 사시는 멋쟁이!!!!

야구 얘기 좋아하심

와~!! TV에서 본 적 있어요!!!

80세인데, 아직도 현역에서 야구를~

선대 사장님 부인이 여자 프로야구 선수였어요.

아이스커피 ¥450

프렌치토스트

반짝거려~

결국 커피젤리를 주문!

수제 커피젤리 ¥500

메뉴를 보니 인기 디저트가 가득!!

먹고 싶긴 하지만 좀 전에 핫케이크도 먹었는데…

핫케이크

디저트도 먹어볼래요? 이것저것 많아요.

아, 맛이 산뜻해요~ 몇 잔이고 마실 수 있을 것 같아요!

집으로 가는 길에 모르는 아저씨가 말을 걸어왔습니다

커피로 건배!

무엇보다 저는 이 가게의 슬로건인 '커피로 건배!'가 무척 마음에 들었습니다.

고마워요!

멋진 말이에요!

거기 커피 맛있지~

↑ 아이스커피를 샀음

아라비야 커피점에선 3대째인 젊은 아들도 함께 일하고 있습니다. 운이 좋으면 선대 사장님의 부인과 현재 사장님, 아들 3대를 모두 만날 수도 있어요!

잘 부탁해요!

엄청 잘생겼어요!

커피점에서 파는 커피젤리는 이렇게 맛있는 거군요.

우왓! 이렇게 단단한 건 처음 먹어봐요! 커피 맛도 진하고 시럽하고도 잘 어울려요!

젤리보다는 한천 같은 식감!!

여기저기서 들려오는 오사카 사투리

가게 안은 역시 쇼와 시대의 분위기가 남아 있으며, 중후한 느낌의 가구가 특히 인상적이다.

이러쿵

저러쿵

고객층은 앞서 다녀온 2곳보다 오사카 아저씨들이 좀 더 많다.

간판이 상당히 오래됐네요!

본점은 처음이에요!

역사가 느껴지죠

세 번째 집은 체인점으로 유명한 '마루후쿠 커피점'. 본점은 센니치마에에 있습니다.

福 coffee marufuku

이렇게 진한 커피를 어떻게 마시라는 거야!

바보 취급하지 마!

쟁그랑

이렇게 화를 내는 사람도 있었을 정도

어멋...

마루후쿠 커피점이 처음 생긴 쇼와 9년 (1934년)에는 커피는 진하면 진할수록 좋다고 생각했죠.

초기 쇼와 시대 스타일이죠

호호

이쯤에서 오사카 커피의 역사에 대해 알아보죠.

그럼, 따뜻한 걸로 마셔 볼래요.

마루후쿠는 말이죠, 커피가 엄청 진~~~해요.

스트롱 커피 라고도 하죠

뭐, 그런 시대였기 때문에 진하기만 하면 된다고 생각하는 가게도 있고, 반대로 아라비야 커피점처럼 부드러운 맛을 고집해온 가게도 있는 거죠.

엣!

불만 있으면 마시지 마!

히익! 대단한 노력!!

보글 보글

커피 추출 중

초대 사장님이 직접 개발한 도구로 커피를 추출하고 있어요.

오사카 미나미 지역은 상인들의 거리.

마루후쿠는 맛이 깊고 향이 진한 커피를 만들어왔습니다.

엣!

그렇죠? 바로 지금이 각설탕이 등장할 차례예요.

우웩, 너무 써!

어른의 맛이야~ 나도 어른이지만~~

우선 그대로 마셔보니

뜨거운 커피 ¥400

이게 바로 그 진한 마루후쿠의 커피

각설탕 2개가 곁들여진다

56

익숙해지니까
맛있어.

후아~

한번 해보는 것도
재미있을 듯.

단걸
좋아하는 편은
아니어서
실행은
못 했지만

에엑…

ㅣ을;ㅏㅇ

Type 1
각설탕을 커피에 넣은 뒤 젓지 않고
바닥에 깔린 단맛을 즐긴다

Type 2
각설탕을 스푼에
올린 뒤 커피에
조금씩 적셔가며
먹는다

그냥 넣는 게
아니라 오사카
아저씨식으로
마시는 방법이
있어요~

저, 저,
저기…
소츠카 씨!
사장님이
무척
잘생기셨어
요!!

그쵸?

커피
두 잔이랑
도넛
주세요.

이곳 역시 노포 느낌은 물론이거니와
아주아주 멋있는 사장님이 계신다.

오! 소츠카 씨
오랜만이네

내 그림으로는
전해지지 않을 정도로 멋지다!

네 번째 집은 난바에서
지하철로 두 정거장,
혼마치의 오피스가에
자리 잡고 있는
'히라오카 커피점'.

1. 밀크팬에 물을 끓인다

2. 원두 간 것을
넣는다

3. 포트에
면포를 깔고
②를 붓는다

4. 면포를 짠다

커피
향이
가득해요♪♪

캬아~

찻집에서는
잘 쓰지
않지만,
세계적으로는
가장 유명한
커피 끓이는
법이에요.

만드는
모습
보여주세요
~

50년 동안
사용해온
밀크팬

마음이 편안해지는
목소리톤~

이런
이유로
나는 헤롱
헤롱
~

밤에는 이런
모습!

어쩐지!!
행동
하나하나가
무척
멋져요!!

코가와
씨는 칼을
좋아하는
검의 달인
이에요.

진하게 볶은 브랜드 커피
¥320

그리고 이곳의 인기 메뉴가 완성!!

어이, 다 됐으니까 이제 그만 돌아와.

황홀…

어쩜, 면포를 짠 채로 컵에 따르는 모습도 멋있어!!

좋은 냄새

수제 도넛
¥120

싸, 싸다!

여기 있어요.

짐작은 하고 있었지만…

멋진 사장님에게는…

사장님, 도넛 2개 포장이요!!

맞아 맞아

그렇지? 이게 진한 커피랑 잘 어울리거든요.

도넛집에서 만든 거랑 맛이 똑같아요.

너무 빨리 끝나버린 사랑

멋진 부인이 계셨다.

고마워요 ~~

우물 우물

때론 옛날로 돌아가 흐르는 시간을 여유롭게 즐겨보는 건 어떨까?

휴대전화가 없던 시절에 찻집은 약속 장소이기도 했다. 조금 일찍 가서 커피를 마시면서 상대를 기다리거나…

만남이 있고, 헤어짐이 있고… 사장님은 그런 많은 사연들을 지켜봐오지 않았을까?

커피로 건배!!

58

무척 귀여워!

교복을 입은 점원 언니

변태

에엑!

아, 저기... 사, 사진 찍어도 될까요?

이미 찍혀 버린 건 괜찮아요.

원래는 안 되지만

그렇게 말해서 찍은 사진

확실히 얼굴은 찍히지 않았고 엄청 흔들렸다.... 소심쟁이

오사카에서는 카페보다 찻집 문화를 즐겨보자!

양식 이외에도 미나미 지역의 커피는
'미나미의 스트롱 커피'라고 불릴 정도로 유명합니다.
1921년에 창업한 '히라오카 커피점', 쇼와 9년(1934년)에 생긴 '마루후쿠 커피점',
쇼와 27년(1952년)에 문을 연 '아라비야 커피점' 등
미나미 지역에서는 오랫동안 진한 커피가 사랑받아왔습니다.
전쟁 후에 바로 생긴 규모가 큰 찻집 '준킷사 아메리칸'이나 이 책에 소개되지는
않았지만, 오사카 만국박람회가 열렸던 쇼와 45년(1970년)에 생긴
오사카 역 앞에 있는 '킷사 마즈라喫茶マヅラ'는
화려하고 독특한 분위기가 넘쳐나는 공간입니다.

Spot Data

준킷사 아메리칸純喫茶アメリカン
大阪市 中央区 道頓堀1-7-4
☎06-6211-2100
09:00~23:00(LO 22:45) |
화요일 ~22:30(LO 22:15)
부정기휴무(둘째 · 셋째 목요일과
그 외 1회 목요일, 월 3회 휴무)

마루후쿠 커피점 센니치마에 본점
丸福珈琲店 千日前店
大阪市 中央区 千日前1-9-1
☎06-6211-3474
08:00~23:00
연중무휴

아라비야 커피점アラビヤ珈琲店
大阪市 中央区 難波1-6-7
☎06-6211-8048
10:00~19:00(금, 토요일과 공
휴일 전날 ~22:00)
연중무휴

히라오카 커피점平岡珈琲店
大阪市 中央区 瓦町3-6-11
☎06-6231-6020
08:00~18:00
(토요일 ~13:00)
일요일과 공휴일 휴무

향신료의 성지~
오사카에서 맛보는
매운 카레!!

◎ 카시밀

◎ 미나미센바 고야쿠라

◎ 카라구치메시야 모리겐

◎ 인디안 카레 미나미점

소설가 오다사쿠 노스케가 카레를 먹으러 지유켄에 자주 들르면서 오사카에 널리 퍼졌어요. 1970년대 후반부터는 인도에서 향신료를 가지고 온 사람들이 카레를 만들기 시작하면서 이 지역 사람들의 입맛에 맞는 카레가 꾸준히 개발돼…

장황 장황

어, 어쨌든 가보죠. 대단한 열정…

죄… 죄송해요.

쿠구구궁?

이번에는 카레를 먹으러 가봅시다!

카레는 집에서 만드는 게 맛있지 않나요?

예이~

가게 안에는 카운터석뿐.

오사카에는 7곳 정도 있어요.

아, 여기 알아요!! 전에 다니던 회사 근처에도 있었어요!

이 아저씨가 표시!!

들어갑시다

언제나 사람들로 가득

이렇게 오사카와 카레는 인연이 깊으며, 소츠카 씨처럼 카레를 사랑하는 사람들이 많습니다. 지금부터 그런 소츠카 씨가 추천하는 맛집 4곳을 소개하겠습니다!!

INDIA

우선 오사카 사람이라면 누구나 좋아하는!! 난바에 있는 '인디안 카레'.

에엣… 메뉴판에는 없는데…

달걀 2개 넣는 걸 메다마라고 해요.

메다마?! 레귤러?!

레귤러 메다마 주세요!

그럼, 저도 같은 걸로…

추천 메뉴!

인디안 카레 ¥750
맥주 ¥300
콜라 ¥200
소스 곱빼기 ¥5
소스 추가 ¥2
밥 추가 ¥5
피클 추가 ¥5
달걀 추가 ¥5

인디안 카레로 할까?

심플한 메뉴

*요코가케: 밥 전체에 소스를 끼얹는 것을 싫어하는 사람을 위한 것.

그런데 달걀은 날달걀인가요!?

언젠가 윙크해주세요, 하고 주문하면 한쪽 눈을 찡그려주지 않을까, 하는 생각도 가끔 해요…

갑자기 생각났어

헉, 규동집에 온 것 같아…. 처음 온 사람은 주문하기 어렵겠어요…

★
달걀
↑
전란

달걀노른자

★
더블
∧
달걀노른자 2개

라이스 곱빼기

★
조금 많이
∧
소스 곱빼기

밥 대(大)자

소스 대(大)자

이것뿐만이 아니에요. 이곳은 주문 방법이 다양해요.

그 밖에 피클 추가나
*'요코가케(한쪽에만 소스 끼얹기)' 등도 있어요.

피클

드디어 인디안 카레 등장!

INDIAN CURRY

인디안 카레 메다마
¥850

주르륵

맞아요~ 오사카에서는 카레에 날달걀을 얹어 먹어요.

INP CURRY

두둥~!!

우와!! 저기서 꺼내고 있어!

달걀로 가득 차 있는 냄비

음~!! 달콤하고 맛있어요!! 과일 향이 나!

어때요?

이런 거 좋아함

네~

우선 이 상태에서 먹어보세요.

냠냠~

날달걀 카레는 처음 먹어보는데 모양은 제가 좋아하는 집 카레랑 비슷해요!

음~ 오랜만에 먹는군.

잘 먹겠습니다

점점 매워지고 있다아!!!

크헉

응?

뚝뚝

뚝뚝

계속 먹고 있자니…

냠냠

이 양배추 피클도 인기가 좋아요. 매운맛도 잡아주고.

아, 맛이 부드러워져서 훨씬 먹기 편해졌어!!

그럼, 이제 달걀을 섞어 먹어봐요.

카레에 날달걀이 잘 어울리네요

점점 더 매워 지고 있어요.

맞아요! 향신료의 매운맛이 서서히 느껴지는 게 이 카레의 특징이에요.

땀이… 땀이…

에이~~ 정말 그럴까요?

카타노 씨도 분명 며칠 뒤에 갑자기 다시 먹고 싶어 질걸요?

집에서 만들 수 있을 것 같으면서도 만들 수 없을 것 같은 맛!!

네, 정말 그렇게 됐습니다.

물도 저렇게 알아서 따라주고 계세요.

정말! 새콤달콤한 맛이 매운맛을 진정시켜줘요!

다시 찾는 손님들이 많은 건 '달콤, 아니 매콤… 아니 달콤! 어쨌든 맛있어!!' 이렇게 딱 꼬집어 말할 수 없는 이 집만의 맛에 중독되기 때문이죠.

…라고 합니다.

사장님 혼자 특제 카레를 만들고 있는 가게는 대개 이런 식이에요.

타이밍이 나쁘면 문이 닫혀 있는 경우도 많다고….

수요일은 정기휴일입니다.

평일
11:30~15:00쯤
토요일
12:00~15:00쯤

고야쿠라

쯤이라니…

'미나미센바 고야쿠라'.

이런 곳에 카레집이?

두 번째 집은 지하철 나가호리바시 역에서 가까운 조용한 오피스가 골목에 자리 잡고 있습니다.

향신료 향이 가득하군요.

가게 안에서 벌써 매운 냄새가 나요…!!

가게 안은 꽤 넓으며, 카운터석 외에 룸과 테이블석도 있습니다.

이날은 그럭저럭 시간에 맞춰 오픈.

텅
텅

헛!

어서 오세요~

첫 번째로 입장!

아이모리는 어느 곳이나 가능해요.

아이모리…? 역시 카레집은 주문이 어려워…

써 있지도 않고!!!

나는 엄청 매운 치킨키마랑 비프 *아이모리.

자, 저는 샤리다마 치킨와레!

이젠 매운 건 못 먹겠어…

비프

엄청 매운 치킨키마

샤리다마 치킨와레

다진고기 카레

채소볶음

벽맥주

그런데 '와레'가 뭐예요?

와레(일본풍) 육수를 사용해서 만들었다는 의미죠.

*아이모리: 같은 접시에 다른 종류의 소스를 함께 끼얹는 것.

65

바깥 공기가 시원하게 느껴져요.

카레를 먹어서 그런지 배 속이 뜨끈뜨끈해요.

이야~

땀을 뻘뻘 흘리면서 묵묵히 카레를 먹고 곧바로 가게를 나서는 남자 손님들의 모습이 마치 무언가와 싸우고 난 뒤인 것 같아….

이야~ 이 매운맛 중독성 있네~

아이모리의 가운데 부분을 조금씩 섞어 먹으면 맛있어요~

카레는 엄청 맛있었지만…

아까 줄섰던 게 거짓말 같아.

30분 정도 기다린 뒤 드디어 입장! 가게 안은 꽤 비어 있어서 느긋하게 식사할 수 있다.

우와~ 시원해.

길게 늘어선 줄…. 여름에는 더워~!

그런데 이상하게도 손님이 나와도 가게 안으로 들여보내주시 않았는데 그 이유는 나중에 밝혀진다.

문 / 가게 안

건물 입구에 들어서면 좁은 통로가 있는데 그곳에서 대기.

간판

세 번째 집 '카시밀' 역시 오피스가이긴 하지만 세련된 카페나 미용실이 밀집해 있는 키타하마에 있습니다.

curry rice

에엣~ '내 속도에 맞춰!' 라는 거군요.

사장님이 주문을 받으러 올 때까지 느긋하게 기다려야 해요. 밥이 떨어지면 밥을 지을 때까지 기다리기도 한답니다!

가게에 들어와 있으면 편안하긴 하지만, 회전율은 안 좋을 것 같아요.

사장님이 대응할 수 있는 범위에서 무리하지 않고 손님을 받기 때문에 그랬던 거군요.

여기도 사장님 혼자

조금만 기다려 주세요.

네~

기대된다~

오자와 겐지
=
서브 컬처를 좋아함
=
세련됐음

배경음악도 오자와 겐지의 노래이고…

이런 이미지를 갖고 있음.

고야쿠라처럼 카레를 좋아하는 남성 비율이 높은 건 물론

세련된 커플이 많은 것도 이 가게의 특징.

집에서 만든 카레는 칼로리가 높다던데 이건 다이어트에도 좋을 것 같아요!

약선요리 같아~!

후후

그런데 카레집 사장님들은 참 자유롭네요.

가게는 열려 있으니 기다리기로.

손님들에게 알랑거리지 않는 그런 느낌이 좋아요.

가게에 들어서자 사장님은 자리를 비운 상태

어라?

단골손님으로 보이는 두 분이 앉아 있었다.

경사경사 가게를 지키고 있음

매운 카레
저희 카레는 매우 맵습니다. 안 맵게는 해드릴 수 없습니다. 매운것을 잘 드시지 못하는 분들께는 죄송합니다.

헤엑~

마지막 집은 니시텐마에 있는 '카라구치 메시야 모리겐'. 일단 간판으로 겁을 준다.

나 자신이 의외로 매운맛에
← 약하다는 걸 깨달았음

오! 그거 먹어 볼까?

사장님이 내릴 때 3개월에 한 번 정도 만드는 숨은 메뉴

치킨은 벌써 다 떨어졌고 햄버그가 있는데 어때요?

숨은 메뉴!

상상했던 것과는 달리 친절해 보이는 여사장님

어멋! 깜짝이야! 이게 웬일이얏!

그리고 사장님이 돌아오셨습니다.

음료는 준비돼 있지 않으므로 직접 가져오시길 바랍니다.

잔과 얼음도 제공되지 않습니다.

정말 알랑거리지 않습니다.

고집불통 아저씨가 하는 라멘집 같아.

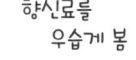

향신료를
우습게 봄

매콤한 게

식욕을 자극하는 냄새

엄청 냄새를 풍기고 다녔잖아!

우 왓 !!!

의외로 냄새가 밴다...

가방

옷

어제 집에 돌아갔더니 온몸에서 향신료 냄새가 나더라고.

역시...

깜짝 놀랐어!

맛집 탐방의 달인 소츠카 씨도 이렇게 말했다

화끈한 맛! 매콤달콤 카레

쇼와 22년(1947년)에 창업한 '인디안 카레'는 처음에는 달콤하다가
서서히 매워지는 전통의 맛을 60년 넘게 고수하고 있다.
관서 지방 카레를 좋아하는 사람들의 성지 격인 '카시밀'은
반드시 줄을 서야 먹을 수 있다.
여러 가지 향신료에 채소와 두부 등을 넣어 매콤하게 즐기는 이곳 카레는
카레를 좋아하지 않는 사람이라도 꼭 한 번 먹어봐야 할 음식이다!
'고야쿠라'도 향신료를 사용하지만 일본의 요소가 가미된 새로운 장르의 카레!
'카라구치메시야 모리겐'처럼 여자장님이 운영하거나 두 종류 이상의 소스를
선택할 수 있는 카레 가게도 늘고 있다.

Spot Data

카시밀カシミル
大阪市 中央区 東高麗橋6-2
☎06-6944-8178
12:00~재료 소진 시 영업 종료
(14:00에 오픈할 때도 있음)
월, 토, 일요일 부정기휴무

인디안 카레 미나미점
インデアン南店
大阪市 中央区 難波1-5-20
☎06-6211-7630
11:00~20:00
마지막 주 수요일 휴무

카라구치메시야 모리겐辛口飯屋 森元
大阪市 北区 西天満4-1-5
若松町センタービル 1F
☎090-8821-0733
11:30~19:30(토 ~15:00)
일요일과 공휴일 휴무

미나미센바 고야쿠라
南船場ゴヤクラ
大阪市 中央区 南船場1-7-8
ダイアパレス順慶町 103
☎비공개
11:30~15:00쯤(토, 일요일과
공휴일 12:00~)
수요일 휴무

불고기와 김치!

어머니의 사랑이 느껴지는
츠루하시 투어

◎ 소라

◎ 하쿠운다이
  츠루하시에키마에점

◎ 신카도야 |
  지지미야 토요타
  나미에노점

◎ 만마사

*코부쿠로: 소의 자궁

적게 담았다고는 하지만 먹어보니 양이 상당하다는 걸 깨달았는데…

진짜 배불러요!

아니, 이렇게 맛있는 걸!! 입안에서 지방이 녹아내려서 대박…

안창살 힘줄 말인가요? 원래 종업원들이 먹던 부위예요.

그래서 싼 거예요~

맛있당~!!

소츠카 씨… 저 이거 짱 맛있어요…!

'언젠가 나도 모든 곱창을 제패하리라!'라고 마음속으로 다짐하며 가게를 나오자 역시나 엄청난 줄이…

크헉

줄줄이

인기 있는 가게는 개점 시간을 노리랏!

한 점씩만 먹어도 금세 배가 빵빵해질 것 같아요.

저렇게 주문하는 것도 좋은 방법이네요…. 저도 해보고 싶어요!

해볼까?

곱창 종류별로 전부 주세요!

옆에 있는 젊은 오빠 팀은 곱창 제패를 노리는 건지

에…

…라고 주문했다.

← 놀랐음

두 번째 집은 한국의 궁중요리를 맛볼 수 있는 '하쿠운다이'.

白雲台 HAKUUNDAI

여기 예요

신난다~ 신나~

그거 잘됐군.

저…, 정말 좋아해요!!!

꼬악

다음은 어디로 갈까? 냉면도 좋고…

야~~

냉면…

창업한 지 40년 정도 된 가게인데, 본고장인 한국의 맛을 지켜오고 있죠.

꽤 노포군요~!! 선뜻 들어서기 힘들 것 같은 이미지였는데… 그렇지도 않네요.

가격대도 괜찮네요~

두리번

두리번

어서 오세요~

널찍한 3층 건물에 테이블석과 좌식석을 합쳐 90석 정도가 있는 가게입니다.

한국 음식을 먹으러 굳이 한국에 갈 필요 없이 이 가게에서 코스요리를 먹으면 돼요.

냉면만 먹기엔 아까울 정도로 메뉴가 많아요.

뭐 먹을까요? 후훗~

불고기 가게가 많은 구역

센니치마에 길

J R 츠 루 하 시 역

창고로 '소라'는 이쯤

한국의 잡화 등을 살 수 있는 상점가

중앙 개찰구

하쿠윤 다이

긴테츠츠루하시 역

김치 가게 등

츠루하시는 미로같이 복잡한 동네지만, 이 가게는 처음 방문하는 사람도 쉽게 찾을 수 있을 정도. 개찰구를 나오면 바로 보인다.

묵 ¥700

그리고 잽싸게 '묵'이 등장했습니다.

위에 올라간 건 젓갈!

우와, 맛있어 보여!

짜자~안~~!

자, 그럼 먹어볼까요 ~?

아 하 핫

이 '묵'이라는 게 궁금해요~!!! 묵!!

먹은 순간 '묵' 했죠?

뭐라 설명하기 어려운 맛…

……

물컹

묵

쫀득

엇… 그래서?!

그럼 먼저 먹어볼게요.

저는 먹어본 적 있으니 어서 드셔보세요.

냠냠

나왔다!!

우여곡절 끝에 드디어 냉면 등장!!

이렇게 올리는 것도 독특해요. 보통은 밥과 함께 먹죠.

이 위에 올려진 젓갈은 엄청 맛있어요.

도토리가루로 만든 묵은 특별한 맛은 없지만 식감이 독특하다.

오래 기다리셨습니다

응, 이건 짱!!

건강식 같아요~

저한테는 좀 안 맞는 것 같은…

…
…

면을 입안에 한꺼번에 넣었더니 끊어지지가 않아요!!

후룩 후룩~

대박!!

두둥~!

수타 냉면 ¥950

본고장의 냉면을 먹게 되다니 행복해요 ~!!

커다란 오렌지를 올리는 것이 포인트.

맛이 산뜻해서 불고기를 먹은 다음 개운하게 마무리하고 싶을 때 딱이에요!

후우~

행복해~

편육도 두툼하고 큼직하네요.

씹는 맛이 있어요.

수타면인데 최소 20분은 치댄다고 해요.

엄청 쫄깃쫄깃하고 매끈매끈해요!

새콤한 맛도 딱 좋아~

정말 좋아하는군

엄청 맛있고 인기 있는 부침개집 옆에 입구가 있다.

ちぢみ屋 豊山なかえ の店

新

안녕하세요?

다음 가게에 가지 않고서는 츠루하시의 맛집을 논할 수 없죠.

☆

세 번째 집은 불고깃집 밀집 지역과는 반대쪽 상점가의 김치 가게 등이 모여 있는 곳에 있습니다.

자~알 먹었습니다~!!

텅~

배가 불러도 육수까지 뚝딱 해치우게 되는 맛이었습니다.

…

안녕하세요…?

남의 집에 멋대로 들어온 것 같은 느낌이 든다.

정말 가게 맞아…?

교복을 입은 여학생들이 줄지어 있음

가게 안은 카운터석과 테이블석이 2개. 분명 가게가 맞긴 한데…

'신카도야'라는 불고깃집입니다.

두 명이요?

焼肉

新 か ど

부침개 먹고 싶당~

아~ 고소한 기름 냄새

80

한꺼번에 만들어서 냉동해두면 편하거든.

이거? 시래깃국이야.

한솥 가득 만들어놓은 국을 봉투에 나눠 담고 있었다.

어머니, 그거 뭐 만드시는 거예요?

고기는 잠깐만 기다려

생맥주 두 잔이랑 나물, 김치 그리고 안창살이랑 볼살 주세요!

혼자서는 절대 못 오겠다~

얼었음 →

← 익숙함

네!

그럼, 해물전도!

해, 해물…

오징어전이랑 해물전 있는데…

앗, 마침 먹고 싶었어요!

아, 부침개도 맛있으니까 주문하죠.

주물럭

탁

불고깃집 입구

전집

문

테이블

카운터

쌍둥이

어머니

게다가 사장님 두 분은 쌍둥이시 랍니다.

맞아요 ~~

좀 전에 봤던 전집이랑 이어져 있는 거예요…?!

에?

끼익~

전이요~

전이요~

소츠카 씨 본인도 자주 찾는다는, 알 만한 사람은 다 안다는 유명한 가게.

마지막 집은 츠루하시 역에서 걸어서 10~15분 거리에 있는 '만마사'.

ん まさ

万正 ホルモン

4천 엔짜리 주방장 추천 메뉴 코스를 주문해보았습니다.

오코노미야키 편에서 소개된 '어머니' 바로 옆집!

뒷골목의 금성무 같은 느낌 →

연골이에요. 전부 칼집을 넣은 거예요.

이게 뭔가요? 뭔데 이렇게 너풀너풀 한가요… ?!!

내장인가…?

연골데침

양데침

우선 처음 다섯 가지 요리

폰즈소스에 찍어 먹는다. 살이 두툼하고 북어 같은 식감

참기름에 찍어 먹는다. 오독오독한 식감

콩나물무침

기본 반찬 양배추

배추김치

고추장소스가 달콤하고 맛있어서 자꾸 손이 간다

두툼 하다!

지금부터가 진짜 불고기 타임!

무슨 소리!! 지금부터예요!

맥주랑도 잘 어울리고 고기 느낌도 나고, 이것만 있어도 될 것 같아요…

보글 보글

끓는 물에 넣으면 연골이 펼쳐지면서

연골에 이렇게 칼집을 넣어준다

맛있다~

생간을 팔 수 없어서 고안해낸 요리인데, 작업하느라 노이로제에 걸릴 지경이야.

이렇게 된다~

우설

마늘이 듬뿍!

하하

불고기

맛있었어...

일하는 중

불고기,
불고기

외출 중

불고기

맛있는
팬케이크
먹으러 갈래?

취침 중

불고기

한동안
잊지 못했다

불고기 향이 가득한 거리, 츠루하시

전쟁 후 암시장이 생기면서 발달하기 시작한 츠루하시.
JR간조센과 긴테츠 역이 교차하는 츠루하시 역 주변에는 불고기, 김치, 전,
냉면과 같은 한식은 물론 한복과 한류 스타의 기념품을 파는 가게들로 언제나 북적인다.
'역에서 하얀 쌀밥을 먹을 수 있을 정도로
불고기 냄새가 풍긴다'라는 소문은 사실이었다.
이곳은 불고기가 제일 유명하지만 JR이 이세伊勢 방면으로 이어져 있어서
신선한 어패류를 사러 오는 사람들도 많다.
다음에 기회가 된다면, 맛있는 초밥집과 이자카야도 안내하겠습니다!

Spot Data

소라空
大阪市 天王寺区 下味原町1-10
☎06-6773-1300
17:00~24:00(LO 23:00) |
토, 일요일과 공휴일 16:00~
화요일 휴무(공휴일인 경우 다음 날
휴무)

만마사万正
大阪市 生野区 桃谷3-3-2
☎090-2592-9687
17:30~24:00
월요일 휴무

**신카도야新かどや |
지지미야 토요타 나미에노점**
ちぢみ屋 豊田なみえの店
大阪市 東成区 東小橋3-15-11
☎06-6981-4746
11:30~21:00
화요일 휴무 |
월, 토, 일요일 부정기휴무

하쿠운다이 츠루하시에키마에점
白雲台 鶴橋駅前店
大阪市 天王寺区 下味原町5-26
☎06-6774-4129
11:30~14:30, 17:00~22:00
(일요일과 공휴일 11:00~21:00)
연중무휴

활기 넘치는 거리!
텐마 시장 주변의
바 Bar 탐방

◎ 사카나야 바르오

◎ 상하이 쇼쿠테이

◎ 덴게키 호루몬 츠기에

◎ 야오카마보코텐

◎ 도바이켄

*타파스: 작은 접시에 담겨 나오는 스페인의 전채요리.

뭐지, 이 황도!! 머스터드 마요네즈 소스랑 매우 잘 어울려!!

토마토조림은 해산물의 풍미가 화~악 퍼지네요.

닭염통도 냄새가 전혀 안 나

우선 인기 메뉴인 '셰프 추천 타파스 3종 세트'를 주문.

해산물 토마토조림

닭고기와 황도 머스터드 마요네즈소스

닭염통 페페론치노

셰프 추천 타파스 3종 세트 ¥500

그때그때 달라지는 9종류의 타파스 (250엔) 중 3종류를 선택합니다.

이번에 고른 건 이것!

셰프 추천 초밥 5종 세트 ¥750

자연산 도미 / 연어 / 가다랑어

오징어 / 잿방어

생선 가게를 운영하시는 사장님의 부모님이 보내주시는 신선한 해산물로 요리를 한다!!

회 메뉴도 다양합니다!

신기하게 여기만 딱 초밥집 같아~

사장님은 별로 말씀이 없으시다

그리고 초밥 재료는 깔끔한 진열장 안에 가득 …!

스페인? 일본? 그리고 이탈리아…?! 여러 나라 분위기가 어우러져 독특하고 재미있어요~!

아하하

양배추 앤초비 소테 ¥420

마지막은 이탈리아 분위기로!

마늘 맛있어! 와인과 잘 어울려요!

품위 있는 느낌이에요! 맛있어!

크기가 작아서 여성분도 먹기 좋죠?

상하이 부추만두 6개 ¥600

맛있겠다~!

갓 튀겨낸 부추만두

만두피는 쫀득하고, 큼직큼직한 고기가 들어 있다

나왔다!

우선 이 가게의 간판 메뉴인 부추만두부터 시식.

소룡포 4개 ¥500

육즙이 뜨거워요

후우~ 후우~

아뜨뜨뜨뜨뜨!!!

그리고 소룡포 하면 TV에 자주 나오는 바로 저것…

약한 듯한 개그맨들의 리액션

한입에 넣으면 뜨거워요

소츠카 씨는 한입에 먹는구나…

맞아요, 맞아. 표고버섯이랑 부추 맛도 나요.

음~!! 만두피는 바삭하고 속에서 육즙이 주르륵 흘러넘치네요.

강렬한 맛이네요!

고기~!!

'소츠카 씨라면 분명 뜨거운 타코야키도 꿀떡꿀떡 잘 먹을 것 같아!'라고 생각하고 있는 나.

됐어요, 흥! 접시째 마실 거예요!

조금 식힌 뒤 한입에 넣었으면 좋았을걸.

우왕!! 육즙이 전부 나와 버렸어!!

잘라서 식힌 다음에… 화상 입을지도 몰라…

나도 한입에 먹고 싶지만…

아깝잖아요~

맛있어욤~

소심쟁이임

← 서투름

오래 기다리셨습니다.

네, 여보세요.

네~!

맥주 주세요!

사장님 혼자서 일하시기 때문에

고기는 주문이 들어간 뒤 자르기 때문에 양배추와 맥주를 즐기며 잠시 기다립니다.

우선 맥주 두 잔이랑 곱창, 소염통, 우설 소금구이 주세요.

불고기 냄새 못 참겠어요…

네~

이러니 냄새에 이끌려 가게로 들어갈 수밖에…

이런 걱정을 단숨에 날려버리는 메뉴들.

소염통 나왔습니다

음… 대단해…

전표도 하나 없는데… 전부 기억할 수 있을까요?

네~

안창살 추가요~!

글쎄요

솜씨 엄청 좋으시다.

다다다다다다다!

행동이 엄청 빨라… 쓸데없는 움직임이 없어…

오이를 채썰고 있음

뚝뚝 떨어지네요~

쿠오옷!! 곱창 기름이 장난 아니네요!!

파이야~

곱창 엄청 좋아함!

살짝 익혀 먹으면 맥주와 잘 어울린다!

우설 소금구이 ¥550

파가 듬뿍 들어간 소스!

아삭아삭한 맛!! 폰즈소스에 찍어서~

소염통 ¥400

곱창 ¥400

어찌나 큰지 삼각김밥만 하다!

*셔터 거리: 상점과 사무실이 폐점 및 폐쇄하고 셔터를 많이 내린, 퇴색한 상점가와 거리를 가리키는 말.

이 라멘 안에도 프랑스요리의 비밀이 숨겨져 있습니다.

잘 먹겠습니다!

야사이 츠케면 ¥850

차슈는 허브와 우엉을 함께 넣고 삶아서 향이 Good!

채소가 들어간 진한 소스

오곤 텐마 시오 ¥700

탱글탱글한 중면

가늘고 꼬불꼬불한 면발에 황금색 수프!!!

파파이야 스즈키 씨가 실은 프랑스 음식점 셰프였다고.

어이, 오래 기다렸어!

엣? 이건…?

사각…

새콤해!

걸쭉…

이 네모난 건 뭐 같아요?

크루통?

그쵸? 그래서 여성 단골 손님들이 많아요. 이 츠케면도 먹어봐요.

우와~!!! 바코츠…?! 냄새도 전혀 안 나고 개운해…. 근데 이거 콩소메 아닌가요…?! 라멘이 아니라 일품요리를 먹는 듯한 느낌이에요!

맛있어~!

다양한 요릿집이 줄지어 선 텐마…

하루로는 부족해요!

정말인가요!? 그렇다면 아침까지 마셔웃!!!

오늘 밤은 바코츠 파워 때문에 잠들기 힘들 거예요.

왠지는 모르겠지만 마무리로 제격이죠?

제가 갖고 있던 라멘의 이미지가 확 바뀌었어요!! 중독될 것 같아요!

맛있어! 맛있어!

고마워요!

딩동댕!

정답!

사, 사과!?

에, 정말 의외야!

'사과는 채소다!!'라고 배웠다고 한다.

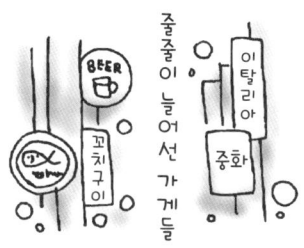

줄줄이 늘어선 가게들

두리번두리번

저 가게도
좋아 보여!

아…
저기도…

끝없이 이어지는 상점가

자,
잠깐
카타노
씨!!

정신을 잃고 걷다가는…

엇! 이제 가게가 없는데
여긴 어디지!? 역은 어디지!?
소츠카 씨는!?

길을 잃고 맙니다

텅텅~

암흑

활기 넘치는 거리! 텐마

텐마는 원래 텐마 시장을 중심으로 상점들이 모여 있던 거리였으며,
바로 옆에는 일본에서 가장 긴 텐진바시스지 상점가가 있다.
최근에는 포장마차들 사이에서 바 분위기의 가게들이 하나둘씩 늘고 있다.
이렇게 새로운 가게들이 생기고, 기존의 가게들과 세대교체가 되면서
텐마의 거리는 변화해가고 있다.
오사카 역에서 간조센을 타고 한 정거장만 가면 되기 때문에 퇴근길에 가볍게 들르기에도 좋다.
시장이 가까워서 저렴하고 질 좋은 식재료들이 모여 있고,
오사카 역에서 서쪽으로 한 정거장 떨어진 후쿠시마에 비해
서민적인 가게가 많은 것도 인기 비결 중 하나다.

Spot Data

사카나야 바르오肴やバルヲ
大阪市 北区 池田町6-17
☎06-7897-4919
15:00~22:30
(토, 일요일 ~21:30)
매월 둘째 주 화요일 휴무

덴게키 호루몬 츠기에
電撃ホルモンツギヱ
大阪市 北区 天神橋5-6-33
☎070-5659-0348
17:00~24:00(일요일과 공휴일
16:00~) | 연 수회 부정기휴무
(홈페이지, 트위터에 고지)

도바이켄湯梅軒
大阪市 北区 天神橋5-6-23
☎비공개
11:30~14:30, 17:00~23:00
화요일 휴무

상하이 쇼쿠테이上海食亭
大阪市 北区 池田町5-11
天満市場内
☎06-6882-5255
18:00~22:30
일요일 휴무

야오카마보코텐八尾蒲鉾店
大阪市 北区 天神橋5-1-5
☎090-4275-4351
17:00~22:30
월요일 휴무

옛 정취가 물씬!
호젠지요코초의
노포 탐방

◎ 니와토리

◎ 미나미 타코우메

◎ 요슈노미세미치

메오토젠자이
단팥죽 1인분을
두 그릇에 나눠 먹는 걸로
유명한 가게

오다 사쿠노스케가
이곳을 무대로 한
동명의 소설을
쓰기도 했다!

이 근방에서 가장 유명한 가게가 '메오토젠자이(부부단팥죽)'예요.

그렇죠~ 어른스러운 가게도 많아서 성인으로 가는 등용문 같은 지역이기도 하죠.

비싸 보이기도 하고 단골손님 아니면 거절당할 거 같아서… 그동안 오지 못했어요.

두근두근

오늘은 고급스러우면서도 옛 오사카 사투리가 남아 있는 호젠지요코초의 맛집 탐방을 해보겠습니다~!

야호~!!

…라고 대답하는 초코. 이에 엄청 감동받은 나.

갑시다!

아아… 부부란 정말…

반씩 나눠 먹고 마음이 하나가 되는 부부가 좋아요.

…라고 말하는 류키치에게

사실 '부부단팥죽'이라는 게 부부와는 상관이 없고 그릇 하나에 가득 담을 걸 2개로 나눠서 많아 보이게 하려는 장사꾼의 상술일 뿐이야.

얼마 전 방영된 드라마에서 남녀 주인공 류키치와 초코가 메오토젠자이를 먹는 라스트 신.

가게 안은 초밥집과 비슷하게 생겼다.

안녕하세요~?

어서 오세요!

여기에서 가볼 첫 번째 집은, 닭꼬치구이집 '니와토리'.

여기 예요

두근두근

그런 호젠지요코초는 돌층계로 돼 있어서

마치 쿄토의 뒷골목을 헤매는 느낌.

'주방장 추천 코스' 하고 맥주 2병 주세요.

분명 비싼 가게죠…?

삐질 삐질

가격이 없어!!

그리고 메뉴판을 보고 또다시 충격!!

하아아아…

오랜만이네요~

소츠카 씨랑 같이 오지 않으면 절대 들어설 수 없을 것 같은 가게!

나는 그렇게 판단했다.

꼬치와 무를 번갈아 먹으면 느끼하지 않아서 좋아요.

무 간 것만 먹는 건 처음인데, 부드럽고 달콤해요~

맛있다!

독특하죠!! 그리고 무 간 것이 입안을 깔끔하게 해줘서 좋아요.

츠쿠네

와!! *츠쿠네 네요!? 냄새 좋다~

무 간 것

처음 나오는 전채요리가 독특해요.

소츠카 씨에게 전부 맡겨야지…

오늘도 고생 많았죠?

치익치익

에엣! 츠쿠네에 삼씨라니!! 독특하네요!!

아직 놀라기엔 일러요. 꼬치는 지금부터예요.

와~~!!

그건 말이죠, 삼씨예요.

엣! 그럼 이 식감은 뭐예요?

똑똑

연골은 안 넣었어요.

연골 비슷한 게 씹혀요.

츠쿠네에도 육즙이 가득!! 그런데 맛이 담백해요!!

음~

부드러운 맛

*츠쿠네: 생선이나 닭고기 간 것에 달걀, 녹말을 섞어 경단처럼 둥글게 빚어 기름에 튀긴 것.

비장탄

여긴 비장탄으로 굽고 있죠.

보통 닭꼬치는 일반 숯으로 굽지 않나요?

주방장님이 꼬치를 굽고 있는 모습을 보고 있다가 조금 독특한 걸 발견했다.

치익~ 치익~

비장탄으로 구우면 겉은 바삭하고 향긋하며 안은 매우 촉촉하게 된다고.

청고추

오리로스

파+닭고기

간 소스 농도가 딱 좋아!

닭염통

표고버섯

닭날개

닭모래집

드디어 주방장 추천 코스, 11종류의 꼬치가 나왔다.

전부 양념이 심플해서 재료의 맛을 제대로 느낄 수 있어요!

잠두콩

송이버섯

메추리알

무려 ¥3150

다음에는 어디 갈지 생각해 두셨나요?

그러던 중에…

주방장님은 우리 아버지와 연령대가 비슷하고, 3대째인 아들은 오빠와 동갑 그리고 나와 동갑인 딸도 있다는 말에 갑자기 친근감이 들었습니다.

3대째인 우리 아들이에요~

에엣! 정말 인가요?

아, 맞다! 여기 주방장님도 성이 카타노예요!

호젠지요코초를 조금 벗어나서 도톤보리 쪽에 있습니다!

여기네요~

타코우메도 좋네요! 이것도 인연인데 한번 가보죠!

잘 먹었습니다

8천엔 입니다

오오! 가격은 적당하네~

이런 연유에서 갑작스레 '타코우메'에 가보기로 결정!

오!! 그럼 내 동생이 '타코우메'의 새로 생긴 분점을 맡고 있는데 한번 가봐요.

오뎅이 맛있는 집에 가볼까 해요.

원래는 어묵이나 채소 등을 꼬치에 끼운 '산적'을 '오뎅'이라고 했다고 한다. 요즘 말하는 '탕' 형식의 '오뎅'은 관서 지방 말로 '간토다키'라고 한다고.

명칭은 여러 가지예요

'간토니' 라고도 하지 않나요...?

에!! 관동식 오뎅이 간토다키인 줄 알았어요!

오사카에서는 오뎅을 '간토다키'라고 해요.

어서 오세요.

'타코우메'는 오사카에서는 매우 유명한 노포 오뎅집이며, 여기는 새로 생긴 분점이다.

쿄미야마

우선 안주와 함께 홀짝홀짝~

이 세트만 으로도 무척 맛있어…

히힛~

전채요리 참치조림

술도 종류가 다양해서 취향에 맞는 걸로 준비해준다.

오뎅에는 역시 니혼슈! 그런 의미에서 쿄토 미야마 산 '쿄미야마'를 마셔보기로.

문어는 쫀득쫀득한 음식이라고 생각했는데 부드럽게 찐 것도 맛있어요!!

우와~~~!!

새로운   발견!!

명물!
타코노간로니 ¥630

오래전부터 전해 내려온 비법 육수로 쪄낸 문어!! 너무 달지 않고 부드러운 맛

우아~!! 먹어볼래요!!

여기 타코우메의 명물 하면 타코노간로니 (단 문어찜)!!

먹어 볼래요?

아니면 우메야키나.

어묵은 어때요? 관서 지방 하면 역시 어묵이지!

어묵...

그럼 그걸로...

우왓!! 고래 고기!?

그럼 *고로하고 **스지, ***사에즈리!!

고마워요

먹고 싶은 건 뭐든 말해요.

그렇죠 ~~~!!! 고래 고기도 맛있어요!

보글 보글

보글 보글

주르륵

우메 야키에도 국물이 촉촉하게 스며들어 있어~

아, 그런데 우메야키인데 매실 맛이 아니네요.

맛있어, 맛있어~

고래힘줄 맛있어요! 오독 오독.

고로의 이 끈적끈적한 느낌, 정말 좋네요.

고로 ¥945

스지 ¥420

사에즈리 ¥945

우메야키

흰살 생선 간 것과 달걀을 듬뿍 넣고 쳐대서 만듦

주방장님께서 이것저것 추천해주심

카마보코(생선 어묵) 같기도 하고, 달걀말이 같기도 한 폭신한 식감이어서 아이들 간식으로도 좋을 듯!

*고로: 고래껍질을 볶아 지방을 빼고 건조시킨 것. | **스지: 힘줄. | ***사에즈리: 고래혀와 콩을 함께 찐 것.

106

음식을 둘러싸고 앉아 가게에서 일하시는 분들과 많은 얘기를 나눌 수 있는

왁자지껄

왁자지껄

매우 가정적인 분위기가 음식 맛을 더욱 좋게 했습니다.

자르기 전에는 이런 꽃 모양

오코노미야키에 넣어도 맛있다고~

매화는 매화!

잘라서 하트 모양이 됐지만요.

생김새가 매화죠.

모양만 그런 거예요.

큭

그림에서 본 듯한 곳… 무척 설레요!!

분위기 좋네요.

두리번 두리번

오, 어서 와요~!

안녕하세요?

그곳은 노포인 '요슈노 미세미치'

자, 다시 장소를 바꿔서 호젠지 요코초의 밤거리로…

두근 두근

음, 음… 어쩌지…?

뭐 드실래요?

안절부절

이 가게에는 메뉴판이 없어서…

후후… 계시네요.

…리고 말하고 있는데 바로 옆에 계셨습니다.

이분

소, 소츠카 씨!! TV에서 봤던 사람이에요!!

※ 가츠라 분친 (일본 관서 지방의 만담가) 씨였습니다!

오래전부터 특히 개그맨들에게 사랑받아온 이 바는 지금도 유명인들이 자주 온다고.

사장님이 손님마다 찾아가서 분위기를 띄워주기 때문에 잘못 들어왔다는 생각도 들지 않습니다.

성인이 된 아들에게 술을 가르쳐주려고 찾아온 4인 가족

혼자 마시고 있는 젊은 언니

'술에 대해 잘 모르면 이런 곳엔 오지 마!!' 이런 이미지가 있어서 들어오기 어려웠는데, 이젠 마음 편히 올 수 있을 것 같아요!!

기쁘다~

그렇죠?

...라고 친절하게 가르쳐 주셨습니다.

진리키는 진에 탄산수를 섞은 거고, 토닉은 단맛이 나는 탄산수, 바크는 진저에일이에요.

마시고 싶은 거 있으면 얼마든지 만들어드릴 테니까 말씀하세요~

인정미 넘쳐 보이는 사장님이

에엣, 그럼 하이볼도 마셔볼래요!

여기는 하이볼이 정말 맛있어요!

마지막에 레몬을 짜주는데 향이 정말 좋아요!

우왓!! 맛있어! 이 술! 맛있어!!

음~ 오늘도 맛이 좋군!

왜죠? 뭐가 다른 거죠?

진리키

드디어 나의 바 데뷔!!

두 명이서 딱 1만 엔으로 곤드레만드레 취해버렸습니다. 나도 드디어 오사카의 어른이 된 걸까요?

털 퍼 덕

어떻게 집에 왔는지 기억나지 않아

맨해튼

마티니

'칵테일의 왕'을 주문해 마시면서

건포도 초코버터 ¥500

엄청 맛있었어~

'치즈에 어울리는 깨끗한 빛깔의 칵테일!'과

리치 향이 나는 투명한 하늘색

하이볼은 물론이고

봉사료 ¥500 쇼트 ¥1000 전후

즐거운 시간은 순식간에 지나가고…

108

처음으로 가본 바

이자카야부터 고급 음식점까지
다양한 호젠지요코초!

미나미 지역의 노포 밀집 거리인 호젠지요코초.
오래된 가요집에 실려 있는 '달의 호젠지요코초' 노래비,
소설가 오다사쿠의 기념비 등 소소한 볼거리도 많다.
원래 절의 경내에 찻집이나 상점 등이 모여 있던 것이
지금처럼 음식점이 늘어선 장소가 됐다.
가볍게 먹을 수 있는 이자카야부터 오사카를 대표하는 고급 음식점까지,
옛 오사카의 요리를 즐길 수 있고 운치도 좋다.
같은 미나미 지역이라도 이곳 가게에 계신 분들의 오사카 사투리는 기품이 있어서
'나니와 고토바(옛 오사카의 사투리)'라고 불리니 꼭 들어보시길!

Spot Data

니와토리二和鳥
大阪市 中央区 道頓堀1-7-7
☎06-6211-1519
17:00~22:00
일요일 휴무

미나미 타코우메南たこ梅
大阪市 中央区 難波1-7-16
☎06-6213-6218
16:00~22:30(LO 22:00)
수요일 휴무

요슈노미세미치洋酒の店路
大阪市 中央区 道頓堀1-7-10 大阪屋
バイストリート横丁ビル 1F
☎06-6211-0928
17:00~23:30
일요일과 공휴일 휴무

구불구불 골목을 따라~
오하츠텐진의 맛있는
술집 투어!

자, 이쪽으로

◎ 키타산보아

◎ C.C.하우스 나카시마

◎ 더 슈코

◎ 슈신몬

이번에는 남녀의 인연을 이어준다는 오하츠텐진 골목으로 맛집 탐방을 떠나보겠습니다.

오하츠

도쿠베에

※연인의 성지로 불리는 츠유노텐 신사가 있음

카타노 씨, 오하츠텐진에 와본 적 있어요?

술집이 많아서 가끔 오긴 하는데… 체인점이 많은 것 같아요~

동문

정문 →

본전

북문

북문 쪽은 그렇죠. 이번에는 맛있는 가게가 많은 동문 쪽으로 갈 거예요.

외관은 물론 가게 안으로 들어서자 더욱 멋진 공간이!! 괘종시계 소리가 들립니다.

※ 아직 오후 5시 반 이어서 손님이 없다

그림 같아!!

오늘은 조금 근사한 분위기의 바를 돌 거예요!!

첫 번째 집은, 창업 68년째인 '키타산보아'

KITA SAMBOA

첫 집부터!!

우와~!

경내를 빠져나오자 좁은 골목에 가게들이 쫘악!

우와!

우와~!!! 만드시는 모습 더 보고 싶당!!!!

사장님의 세련된 움직임!! 이 차분한 분위기.

나는 사장님이 칵테일을 제조하는 모습만으로도 쓰러지기 일보 직전…!!!

하이볼 두 잔 주세요.

우왓!! 저, 이런 곳에 꼭 와보고 싶었어요~~!! 정말 좋아요~!

맛도
각별하죠
~~

정중하게
따라주신
술은
정중하게
마시고
싶어지네요!

예쁘다~

투명한
호박색 음료와
자잘하게
올라오는
탄산 기포에
마음을
빼앗겼습니다.

슈~슈~

더블샷이라
진함

키타산보아에 오면
우선 인기 메뉴
하이볼을 마셔보자!
얼음 없이 잔에 한가득
따라주십니다.

피넛

하이볼

NORTH SAMBOA

좋아하는 위스키에 탄산수를
추가해서

+¥50

아,
저희 집은
달걀
버터찜이
유명해요.

혹시
추천하고
싶은
메뉴
있으신가요?

통조림째
살짝 구워서
따뜻하죠?

간도 딱 맞고
마지막에
레몬 맛이
느껴져요.

3대째 사장님!

맛있어요!

오일사딘

너무
좋아!

그리고
바 하면
빼놓을 수 없는
이것!

오일사딘 ¥900

정어리를 올리브유 등에 절인 것(통조림)

달걀버터찜 ¥550

그래서…
주문해버렸
습니다.

와!
맛있어
보여!

미니 프라이팬에 쪄낸
달걀버터찜(달걀 2개분)

뜨끈뜨끈

팬이 많아서
일러스트를
그려주는
사람까지
있어요.

무슨 음식이지…?
찐빵이나
달걀찜
같은 건가?

저쪽

?

*체이서: 독한 술 뒤에 마시는 물이나 음료. | **카리브 해의 해적: 디즈니랜드의 인기 어트랙션.

꽈당!

바로 옆이 잖아!!

여긴데…

← 키타산보아

키타산보아 바로 옆에 위치하고 있는 'C.C.하우스 나카시마'.

다음 가게도 훌륭한 바예요~

아직도 날이 밝아! 바는 이렇게 빨리 문을 여는구나…

조금 서운하긴 하지만 가게를 뒤로하고…

오후 6시 정도에…

크~!! 마스터, 정말 멋져!!

C.C.하우스라는 이름답게 술은 거의 '캐나디안 클럽(C.C.)'뿐!

캐나다 위스키의 대표적인 상표죠. 세계 150개국 이상에서 사랑받고 있는 술이에요.

Canadian Club 1858

조금 무서워 보이는 인상의 사장님

가게 안은 꽤 어두운 편이고, 술병들이 조명을 받아 예쁘게 빛나고 있습니다.

키타산보아와는 또 다른 분위기의 바.

여기 오면 반드시 카츠샌드를 먹어야 돼요!

아, 입구에도 사진이 있었어요!

이 크고 동그란 얼음이 바의 상징이군요.

황홀~

그렇죠~

그걸 다시 하이볼로 만든 걸

달그락

주문 했습니다.

하이볼 ¥900

116

골목을 따라~ 오하츠텐진의 맛있는 술집 투어!

시작도
안 했잖아~

사랑
하나가
끝나버렸
습니다.

하지만 얼마 전
해외에 나가야 해서
당분간 못 온다고
했대…

풀썩

오사카에
일이 있을 때
온단 말이지!
특히 토요일에!!

꺄아~!
만나게
될지도 몰라

부모님
세대
노래여서
어릴 적에
자주
들었어요.

잘 아시네요.
세대가 다를 텐데.

좋아해요~

'22세의
이별'
이에요!!

좀 전까지 왠지
편안한 느낌이 든다고
생각했는데 BGM으로
포크송이
흐르고 있었어!!

엇…

안녕이라고
말할 수
있는 건~

당신에게~

핫!

미묘하게
심각해
보여서
웃음이
터지고
말았습니다.

아하하하…
그건
안타깝네요.

웃음 뚝!

나는 심각하다고요!

그래요, 다들 좋아해주시니까
좋긴 하지만 한 잔 더 마시려던
손님도 도중에
가라오케로 가버려요.

부모님 모시고
오고 싶어요~
그리고
가라오케에도
가보고 싶어요!!

좋은 곡이
많네요. 저는
록 세대지만.

아, 비~ 바밤!!

혹시,
나이
속인 거
아니에요?

117

술 취하면 굴러 떨어질 것처럼 경사가 심한 계단을 올라갑니다.

히익

'더 슈코'는 이름 그대로 술 창고 같은 가게라고 한다.

이 간판이 표시!

세 번째 집은 츠유노텐 신사에서 조금 떨어진 히가시우메다 역 쪽으로 다시 돌아갑니다.

히가시우메다역

이쯤!

미도스지

오하츠텐진도오리

C.C. 하우스

신사

키타산보아

그리고 문을 열자 거기에는 술!! 술!! 압권입니다.

쭈욱~~~~~~!!

자, 이쪽으로

술병 속에 파묻혀 계심...

내 시야에서 보면 사장님도 이런 모습.

대단해! 해적선 같아...

술병으로 가득 차 있네요!

우왓~!
이건 분명
맛있을 거야
…!!

카망베르치즈 크래커

카망베르치즈가 통째로 올라가 있음

신속하게
기본 안주가
나왔습니다.

전부
파는 걸까…?

멍~

너무 대단해서
한동안
넋이 나간
상태… 였지만!

사장님이랑
조금
친해지고 나면
칵테일 등
희망사항을
말하기
쉬워집니다!!

카타노 식
바 공략법!

젊은 사람은
조금 연하게
만들어
달라고
하는 게
좋을지도…

그렇게 하면
되는 거야!

위스키 종류를 물으면
적당히 '그걸로 주세요'
라고 말해버리자!!

그렇다.
바는 대부분
메뉴판이
없으므로
뭘 주문해야
좋을지
고민될 때는
하이볼을
선택하자!

이미 꽤 마신
상태라…
우선
하이볼부터
마셔볼래요!

모처럼
온 거니까
조금 특별한
술 마셔
볼래요?

여기는 신나게
떠들면서 가벼운 마음으로
위스키를 즐기는
사람들이 모이는
가게라는 느낌이 들었습니다.

아무 말 하지
않아도 편해

달그락
달그락

앞의
두 가게는
해 질 녘에
찾아가
조용히
한잔하는
분위기
였지만

이 가게의 특징은
뭐니 뭐니 해도 명랑한 성격의
사장님과 밝은 가게 내부.

강렬한
빨간
조끼!

아무리 봐도
질리지 않습니다.

종 모양 →

오오~~!!
그렇군요!!

아, 그거요?
찰스 황태자와
다이애나 비의 결혼을
기념하는 병인데,
이번에 윌리엄 왕자의
결혼을 계기로
다시 반짝반짝하게
닦아났죠.

술 종류도
다양하고
병 모양도
각양각색.

아,
저 병
귀여워요!

네 번째 집은 '슈시몬'.
간판은 눈에 띄는데
입구를 찾을 수가 없다!!
꽁꽁 숨어 있는 맛집
(옆에 있는 문을 열면
계단이 보인다)!

다시
신사 쪽으로
돌아갑니다.

가벼운
발걸음으로
마지막 집을
향해!

아는
척 →

으음…!!
아니에요!

혀에
닿는
느낌이
이게
훨씬
좋네요.

기분이
좋아져서
결국
이것저것
마신 뒤…

← 버번
위스키
비교 중 →

그렇죠?

술은 물론
식재료 대부분을
사장님의 고향인
센슈에서 나는 것을
쓰고 있습니다.

어두운
계단과는
달리 무척
밝은 실내.

센슈는 오사카의 남부

아직 오사카의 옛 사투리가 남아 있어서 신기하게 들리기도 한다.
단지리 마츠리라는 축제와 가지가 유명하며,
어촌이어서 해산물도 맛있다!

계단이
더 슈코보다
가팔라요!

이번에 갈 곳은
바는 아니지만
내가 강력 추천
하는 가게예요.

게다가
어두워!

위스키를 그렇게 마셨는데도 전혀 취하지 않는 제가 무서워요!

자자, 수고 했어요!

건배!

맥주 맛있어~

사실 별로 마시지도 않았고요~

기본 안주

파래

치즈두부

우선 기본 안주 3종, 이것만 먹어도 상당히 맛있음.

← 맥주잔이 주석으로 돼 있어 차갑게 마시기에 좋다

절임반찬

어린 참치 타다키 ¥1,300

어린 참치, 두툼하게 잘라서 씹는 맛이 좋다···! 주변의 고명과 함께~

꼬마달재조림 ¥1,500

세토나이카이에서 잡히는 생선으로, '아카하타'라고도 불린다. 냄새가 없고 살이 쫀득함!!

지금 가장 맛있다는 이 두 종류를 주문!!

여긴 해산물이 맛있는데 먹어볼까요?

주룩

네기 아나?

최고 예요!!

에엣?

네기아나 먹어 볼래요?

오늘은 붕장어도 맛있어요.

어떤가요?

음, 정말 맛있어!

역시 오하츠텐진에 오면 여기는 빼놓을 수 없죠.

소츠카 씨! 고마워요

↑ 사장님

121

네기아나 ¥1300

그래서 등장한
일품요리

붕장어튀김에 파가 듬뿍!

파
좋아하는
사람한테
딱이네요!

짜~안!

우왓,
기대돼요!

센슈 붕장어
맛있어요!

헤에~

먹어볼까요?

와아~
정말
행복해요!

서비스
예요~

니혼슈랑
잘 어울리니까
드셔보세요.

감사합니다

우와아아앗!
겉은 바삭바삭하면서
안에서는 붕장어의
육즙이 쫘악…!!

무척
맛있엉!!

원래는
어부들이
먹는
반찬이었대요.

계단
조심해요~!

호젠지요코초
에서처럼
취한 건
두말할 것도
없음…

이제까지 전혀 몰랐던
이 골목을 더욱 깊이
알고 싶어졌습니다.

자주 가는
꼬치구이집
가격에
1천 엔을
보탠 정도죠~

맛있다니 다행이네요!!
우리는
대단히 특별하지는 않지만
'조금은 특별한' 게
좋다고 생각해요!!

조금
비싸긴
하지만

츠유노텐 신사는
부부의
연을 맺어주는 곳

연인의
성지

에...

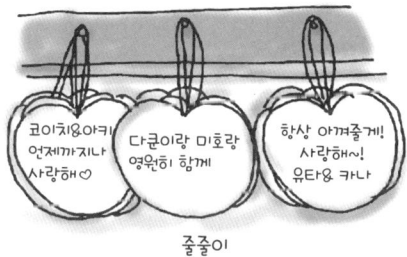

코이치&아키
언제까지나
사랑해♡

다쿤이랑 미호랑
영원히 함께

항상 아껴줄게!
사랑해~!
유타&카나

줄줄이

으앙~~

가게, 이쪽이에요~

무척
행복해 보여서
눈물이...

오하츠텐진 키타 골목의 맛집을 찾아 구석구석!

오사카의 네온 거리 하면 키타와 미나미 지역이 대표적이다.
그중 우메다 근처의 키타신치와 오하츠텐진 골목이 키타 지역!
오하츠텐진 상점가에서 동서쪽으로 뻗은 좁은 골목이 몇 곳 있는데,
이곳에 위치한 노포 바에 가게 되면 '어른으로 가는 등용문'의 두세 계단을 오른 거라고.
앞서 소개한 가게들이 모두 노포여서 문턱이 높을 거라고(가격 면에서도) 생각하기 쉽지만,
캐주얼한 가게에 비해 술의 농도가 진하기 때문에 실은 그렇지도 않다.
느긋하게 얘기를 나누면서 어른들의 음주 문화를 배워보자.

Spot Data

키타산보아
北サンボア
大阪市 北区 曽根崎2-2-12
☎06-6311-3645
17:00~22:40 | 매월 둘째 주 토,
일요일과 공휴일 휴무

C.C. 하우스 나카시마
C.C. ハウス なかしま
大阪市 北区 曽根崎2-2-11
☎06-6312-2621
18:00~23:00
토, 일요일과 공휴일 휴무

더 슈코THE 酒庫
大阪市 北区 曽根崎2-13-5
☎06-6312-2280
17:00~23:30
일요일과 공휴일 휴무

슈신몬酒肆門
大阪市 北区 曽根崎2-5-37 2F
☎06-6364-3573
11:00~14:00, 17:00~23:30
(재료 소진 시 영업 종료)
일, 월요일이 공휴일인 경우 휴무

옛것과 새것의
매력이 가득한
*쿠이다오레!
**노미다오레!!

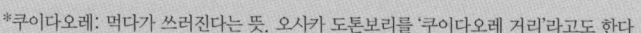

◎ 카메스시 본점

◎ 하이볼 코미치

◎ 밧코쿠카이텐 토리니쿠료리 ·
  부타니쿠료리 QueRico

◎ Bar SOURCE 2호점

*쿠이다오레: 먹다가 쓰러진다는 뜻. 오사카 도톤보리를 '쿠이다오레 거리'라고도 한다.
**노미다오레: 마시다 쓰러진다는 뜻.

오하츠텐진 싸고 맛있는 건 물론 가격 이상의 가치가 있는 가게들이 밀집해 있다. 시끌시끌 북적북적하지만 전통과 고상한 어른만의 세계가 남아 있는 장소.

텐마 항상 가게의 발전을 위해 노력하고, 새로운 요소를 받아들이고 있는 오래됐지만 변화하고 있는 거리.

오오~!

오늘은 오사카의 신구 시가지의 매력을 동시에 느낄 수 있는 맛집을 선택해보았습니다.

그리고 그 지역이 바로 여기!! 쿠이다오레

편집부의 소녀 오시라 씨

오?!!

여행 잡지 『자란』의 모리타 씨

편집 담당 대식가 가토 씨

맛집 가이드 쇼츠카 씨

오사카 맛집 탐방도 이제 마지막이군요. 오늘은 여러 명이서 함께 투어를 떠나봅시다 ~!!

이렇게 다섯 명이닷!

첫 번째 집은 그중에서도 오사카의 즐거움을 맛볼 수 있는 '카메스시'.

50m 이내에 이렇게 많음!!

'싸고 맛있다!!'가 바로 오사카 초밥의 특징!

그런 의미에서 우선 저렴한 초밥집이 모여 있는 오하츠텐진으로!

오사카 사람들에게 '싸고 맛있는' 건 당연한 일.

하지만 이 두 거리에는 이런 오사카 사람들도 감동할 만한 가게들이 몰려 있습니다.

우선 맥주와 풋콩

수고하셨습니다! 잘 먹겠습니다!

이 풋콩을 '유아가리 무스메(목욕을 마치고 나온 아가씨)'라고 한대요.

뭐니 뭐니 해도 주방장님의 캐릭터가 매우 강함

저도요~

*유루캬라처럼 생기셨네, 귀엽다…

실례

맥주 주세요

네~!

앉아요, 앉아

어서 와요

어서 오세요~

우와~

가게에 들어서면 기운찬 목소리가 울려 퍼지고, 가게 안도 무척 활기가 넘친다.

우리는 2층 자리로 안내받았습니다 (3층 건물).

*유루캬라: 지자체가 행사나 특산품을 홍보하기 위해 만든 캐릭터.

126

카메

바로
이거
였어요!

아! 만화 〈드래곤볼〉!! 프랑스에서 인기 많죠?!!

우리 가게는 말이죠, 프랑스인이 자주 오기에 그 이유가 뭘까, 하고 생각해봤더니…

이름 정말 예쁘죠?

색이 곱죠?

정말 예뻐요!

초반부터, 수다 작렬!

뭐, 즐거워하시니까 됐지만…

응

글자 모양도 미묘하게 다르고, 우리 가게가 훨씬 빨랐는데 말이죠…

요리 나왔습니다~

…라고 말하곤 하는데

그래서 '아이 엠 거북도사!!'

이렇게 주방장님과의 즐거운 대화로 분위기가 무르익어가는 동안 아들이 요리를 만들어 내오는 나이스 콤비네이션!!

수다거리도 잔뜩!

에이, 아니잖아요~

야하 하하

가리비는 겉을 살짝 익힌 뒤 소금을 살짝 뿌린 거라 그대로 드시면 됩니다.

맛있당 2

아~앙

달죠

정말 최고!!

가리비도 향이 정말 좋아요.

잠깐!! 이 참치 엄청 두툼해요!!

킁킁

질질

모둠회

맛있겠다~!

요리는 예산에 맞게 주방장 추천 코스로 주문하면 제철 재료로 초밥을 만들어주신다.

이날은 줄무늬전갱이, 넙치, 갑오징어, 참치

가리비

석쇠구이

모로큐(오이에 된장을 곁들인 것)

보리된장+와사비

127

김의 향이 굿!

가지절임

그리고

윤이 나고 싱싱하다!

붉은 된장국

순나물과 미역

오이 김초밥

계속된 감동의 물결.

'하나마루 오이'라는 크기가 조금 작은 것을 사용

조금 고급스러운 초밥을 먹고 싶은데 가격이 적혀 있지 않은 가게가 두렵다면 여기로 와야 해!!

참고로 초밥의 가격은 이렇습니다 (2개 가격).

장어 ￥520
갯가재 ￥370
연어 ￥450
새우 ￥450
붕장어 ￥370

맛있어!!

정말 싸!!

밥 양이 적은 편이어서 계속 먹게 돼요.

맛있어! 너무 흥분해서 참치뱃살부터 먹어버렸어요~

신선

『카메스시』상, 중, 하권으로 내볼까요?

우와~ 주방장님 얘기로 책 3권은 쓰고도 남겠어요…

따끈한 차로 마무리

미국 영화는 기본적으로 해피엔딩이라 <세븐>을 봤을 때는 충격적이었지

영화와 만화를 좋아하심

헤에~

맞아, 그랬었지~

주방장님과 유쾌한 얘기를 나누면서 오리지널 초밥을 맛보는 즐거운 시간. 이게 바로 오사카 대중 초밥집의 묘미!

그럴지도!

오하츠 텐진에는 바가 정말 많군요~!!

'하이볼'코미치'입니다.

여기입니다

멋지다

좋아 보여

노포이긴 하지만 쇼와 시대의 분위기가 물씬 나는 바예요.

Bar

그리고 만복감과 만족감을 느끼며 일행이 향한 곳은 역시…

와~아!!

오사카에서 전문 바로 명성이 높은 '바 타테야마'에서 3년간 수련한 뒤 가게를 열었다고.

※기본적으로 '화이트 호스'로 하이볼을 만들고 있습니다

여기도 그림 같은 분위기.

두근!

문을 열면 그곳에는 백발이 무척 잘 어울리는 사장님이….

완성~!!

큼직하고 둥그런 얼음을 넣어주면 찰랑찰랑 하이볼 완성!!

가게 안에 흐르는 재즈 선율도 너무 잘 어울려.

스마트 하다…

가게 이름이기도 해서 모두 하이볼을 주문! 솜씨 좋게 5인분을 만드는 모습이 무척 멋있어…

우리도 주문할까요? '군다마'가 맛있을 것 같아.

난 생초코

전 오일 사딘

←팔랑귀

밤 8시 정도가 되자 자리가 가득 찼고 단골로 보이는 손님들도 늘면서 북적거리기 시작했다.

멋있어!

사장님, '말린 무화과 생초코' 주세요~!

사장님 얼굴만 봐도 세 잔은 거뜬히 마실 수 있을 것 같아…!

황홀해….

어렴풋이 눈치채고 있었지만

그렇게 생각했습니다.

저건 말이죠, 원하는 사이즈가 없어서 주문 제작하신 거래요.

치즈도 맛있어 보이네요. 저 치즈 신기해요!

정말

우와, 대단해!!

바를 경영하는 지인 중에 치즈를 만들 수 있는 사람이 있어서…

오일사딘

바의 안주로는 빼놓을 수 없다!

나왔다! 나왔다!

주문한 안주도 바로 등장!

기품이 있고 마음을 편안하게 하는 목소리예요.

그런 건 둘째 치고 사장님 목소리 무척 좋지 않아요?

크래커 위에 오일사딘을 3개 정도 얹어서 먹으면 맛있어요.

생초코

위스키에는 초콜릿이 잘 어울린다고!

그런데, '그런 건 둘째 치고'라니…

죄송…하지만 정말로 옆길로 샐 정도로 목소리가 좋으십니다.

그런데 문득 옆을 보니 소츠카 씨가 낯선 사람과 줄곧 얘기를 나누고 계셨는데…

누구지?

생초코도 하이볼이랑 잘 어울려요 ~

으음… 읍! 의외로 맛있어…!!

우와~ 꽤 크네요…!!

그래서 오일사딘을 얹은 크래커로 도전!!

이 가게 (店: 점)가 하루의 쉼표가 됐으면 좋겠다는 생각에 그려 넣었죠.

…라고 가르쳐주셨습니다.

여기 찍혀 있는 점은 뭔가요?

가게를 나올 때 마스터가 명함을 주셨는데

어느덧 모두 함께 즐겁게 얘기를 나누는 모습, 이게 바로 바의 매력이라는 걸 느낍니다.

마-보라고 불러 주세요

자, 마-보?

자~!! 이번에 갈 곳은 텐마예요…!

그리고 화기애애한 분위기 속에서 세 번째 집으로 이동!

세련되고 온화한 성격의 사장님 역시 오사카 사람들 특유의 개그 본능을 가지고 계셨습니다.

마침표로 했다가 우리 가게에서 주무시면 곤란하니까요.

아항~~!! 그런데 하루의 끝이라는 의미로 마침표를 찍는 게 더 낫지 않나요?

와~~!!

한 사람이 늘었어…

포장마차 느낌의 인테리어에 축제 같은 분위기.

인원도 늘었겠다. 텐마 시장에 있는 멕시코 요릿집 '밧코쿠카이텐 토리니쿠료리·부타니쿠료리 QueRico'로!

헤헷… 나도 따라갈까~? 마-보도 함께!

와글와글

마-보 씨가 있어!

마-보 씨다!

시끌시끌

시끌시끌

술렁술렁

132

소창살처럼 생긴 장식

수고하셨습니다~

자자, 건배!

조금 그럴듯함

깔깔깔깔~

으아아아아~

앞서 다녀온 두 곳은 카운터석이어서 몰랐는데 모리타 씨는 장난꾸러기로 판명됨.

멕시코 보헤미안 맥주로 건배!

밧코쿠카이텐 닭 한 마리 ¥1600

통구이 가게에서 회전시키며 구운 닭고기

옥수수와 밀가루 중 선택 가능. 여기에 싸서 먹는다!

토르티야

기본 안주 콘칩

우선 가게의 간판 메뉴를 주문!

콘칩 위에 토마토 살사소스가~

채소와 고기를 토르티야에 싸서 냠~!!

밧코쿠카이텐 돼지고기 한 접시 ¥1600

나랑 같은 세대라면 돈타코스(일본의 토르티야칩)의 CF가 떠오를 듯.

맛있어!

껍질은 바삭하고 속살엔 육즙이 좌악~ 소스도 맛있어!!

맞아요, 울금이 간에 엄청 부담 준다고 하더라고요!

아이고… 이제 슬슬 몸 생각 해야지.

참을 수…

그리고 술꾼들만의 얘기…

엄청난 모습으로 먹고 있는 모리타 씨

그렇게 먹고도 또 들어 가네요.

오옷, 이거 중독될 거 같아!

정말?!

가마로네스아루
아히조 ￥609

칵테일새우와
마늘볶음

큼직하고
푹신한
이탈리아 빵,
포카치아

아히조, 정말 좋아!

탱글탱글한 새우는 꽤 큼직하다

다시 먹고
싶어졌다.

숙취 해소에
헤파리가
좋대요!

후아~
술이 쭉쭉
들어가네요.
울금이라
…

얘기가
활기를
띠자…

그런데
도대체
누구?

?

쿨…

♩

나갈
까요
…?

해장에는
수박이
좋대요!

그리고
그 사이에
잠이 들어버린
사람도…

보기와는 달리
천연덕스러운
성격의 오시라 씨

마-보 씨

텐진바시스지
로쿠초메 역과
나카자키초 역
중간쯤

이미 꽤 늦은
시간이어서
문을 연
가게가 별로
없었지만
흐릿한
불빛을
발견!

들어가
보죠

이제 더는
못 먹겠어요.

슬슬 걷다가
괜찮은
가게가
보이면
들어가죠

꺼억~

남은
네 명은
가볍게
한 잔 더
하기로.

그런 연유에서
다음 날 일찍
일어나야 하는
오시라 씨는
마-보 씨와 함께
먼저 퇴장.

수고
하셨어요~!

정말이요...!?

오코노미야키 안 먹을래요?

그리고 정말 대식가인 건지 아니면 맛집 책 편집장의 근성인 건지 가토 씨의 충격적인 한마디….

오사카 잖아요

오리지널 오코노미야키를 만들어주는 바, 'Bar SOURCE 2호점'. 상당히 분위기 좋음!!

마무리로 먹는 라멘 같은 느낌?

오물오물

막상 음식이 나오면 다들 먹는다.

오코노미야키 ￥300

오오… 꽤 푸짐하네요.

억울하지만 맛있어 보여…

짜~안!

꽤 오래 기다린 끝에 드디어 나왔습니다.

진한 사람 냄새가 나는 거리 오사카, 꼭 맛보러 오세용~!

맛있지롱~ 재밌지롱~

끝

오시가의 시끌벅석한 분위기를 즐기면서 먹는, 다양하고 맛있는 음식들!! 정신을 차리고 보면 역시 쿠이다오레!

수고하셨습니다~

끄억~

고작 몇 분 만에

깨끗

맛있었어!

카메스시의 주방장님은
정말로 만져보고 싶게
생기심

퉁

예전에 사귀었던
여자친구가 ○○
출신이었는데
말이야...

깜짝 놀란 게...

재미있는 얘기
작렬이었는데...

오!! 그래?

엇! 거기 우리
동네랑 엄청
가까워요!!

신기하네~

이번 맛집 탐방을 하면서
친척 이외에는 만난 적 없던 같은 성을 가진 사람을
만나기도 하고, 10년 만에 친구를 만나기도 하고,
정말 신기한 경험이었어.

정말 쓰러질 때까지 먹는 쿠이다오레 투어!

역사가 깊은 키타 지역과 앞서 말한 것처럼 새로운 변화의 움직임이 있는 텐마 거리.
양쪽 거리의 공통점은 '가게의 가치'.
가게에서 얻는 만족감이 크면 '가치가 있다'라고 하는데,
오사카 사람들은 음식뿐 아니라 가게의 가치관에도 가치가 있다고 생각한다.
그저 싼 것에만 만족하지 않고, 맛있으면서 비싼 건 당연하게 받아들이지만
그저 비싸기만 한 것은 용납하지 않는다.
좁은 골목과 포장마차 같은 가게가 북적대는 두 지역이야말로,
상업도시 오사카 사람들이 중요하게 여기고 있는 감각이
생생하게 넘쳐나는 곳이다.

Spot Data

카메스시 본점亀すし総本店
大阪市 北区 曽根崎2-14-2
☎06-6312-3862
12:00~22:30
(일요일과 공휴일 ~21:30)
연중무휴

하이볼 코미치ハイボール小路
大阪市 北区 曽根崎2-5-38
☎06-6363-4181
19:00~다음 날 02:00(일요일
18:00~24:00)
수요일 휴무

**밧코쿠카이텐 토리니쿠료리 · 부타니
쿠료리 QueRico**
墨国回転鶏料理・豚料理 QueRico
大阪市 北区 池田町8-4
☎06-6242-8986
15:00~23:30
연중무휴

Bar SOURCE 2호점
大阪市 北区 黒崎町11-1
☎06-6375-7090
19:00~다음 날 05:00
연중무휴

'책에서 소개하고 있는 가게 중 불친절한 곳은 한 곳도 없었으며,
좀 더 가벼운 마음으로 찾아오셔서 오사카를 맛봤으면 좋겠다!'
그렇게 생각하는 가게들뿐이었습니다!!

취재가 끝난 지금, 가끔씩이긴 하지만
친구들을 책에 실린 가게에 데려가고 있습니다.
작은 것부터 조금씩조금씩! 오사카 쿠이다오레 운동을 실천 중입니다.

이런 체험을 하게 해주신 소츠카 씨,
편집부의 가토 씨에게 깊은 감사의 말씀을 드립니다.
가게 관계자분들, 취재 중에 만난 모든 분들, 정말 감사합니다.
그리고 이 책을 읽어주신 여러분에게도
'오사카의 맛'과의 멋진 만남이 있기를!

2013년 11월 15일 카타노 토모코

천하제일의 주방, 지쳐 쓰러질 때까지 먹는 '쿠이다오레'의 거리.
오사카라는 도시를 표현할 때 흔히 '식食'자가 따라붙는데,
저는 오사카의 밥집에 대해 잘 알지 못했습니다.

먹는 것도 좋아하고, 술도 좋아해서
맛있는 가게에 가고 싶고 잘 알고 싶지만,
최근 생긴 세련된 카페처럼 쉽게 갈 수 있는 곳만 가게 돼서,
간혹 오사카에 놀러 온 친구에게 "오사카다운 가게에 가고 싶어"라는
말을 듣고 헤맨 적도 많습니다.

프롤로그에도 적은 것처럼 '오사카다움=우선 오코노미야키라도 먹으러 갈래?'
이런 식이 되곤 하는데, 오코노미야키는 취향이 있긴 해도 대개는 맛있습니다.
친구들도 "오사카에서 오코노미야키를 먹을 수 있어서 좋았어!"라며
만족하고 돌아가긴 하지만, 어쩐지 마음 한구석에는
'좀 더 오사카를 느끼게 해주고 싶었는데' 하는 후회가 남곤 했습니다.

그래서 이 책의 의뢰가 들어왔을 때
솔직히 제일 기뻐한 사람은 바로 저 자신이었습니다(웃음).
안내를 맡은 소츠카 씨와 오시가의 거리를 놀면서 느낀
'오사카다움'은 맛이 전부가 아니었습니다.
거리, 가게 사람들, 그곳에 모이는 손님들,
그리고 깊고 긴 역사 속에 '오사카다움'이 있었습니다.

맛집 천국
오사카

1판 1쇄 인쇄 2014년 10월 30일 | 1판 1쇄 발행 2014년 11월 6일

만화 카타노 토모코 | **가이드** 소츠카 마사아키 | **옮긴이** 박은희

발행인 김재호 | **출판편집인 · 출판국장** 박태서 | **출판팀장** 이기숙
기획 · 편집 박혜경 | **교정** 고연주 | **아트디렉터** 김영화 | **디자인** 이슬기
마케팅 이정훈 · 정택구 · 박수진
펴낸곳 동아일보사 | **등록** 1968.11.9(1-75) | **주소** 서울시 서대문구 충정로 29(120-715)
마케팅 02-361-1030~3 | **팩스** 02-361-1041 | **편집** 02-361-0967
홈페이지 http://books.donga.com | **인쇄** 삼영인쇄사

ISBN 979-11-85711-35-5 17980 | **값** 10,000원